国家中等职业教育改革发展示范校建设系列教材

数控编程与操作

主　编　王春雨　王　安

副主编　李观宇　刘洪波　史丽敏　范立东

主　审　王文剑

内 容 提 要

本书是“国家中等职业教育改革发展示范建设计划项目”中央财政支持重点建设“数控技术应用”专业课程改革系列教材。本书按照数控应用的课程特点，结合数控设备操作岗位要求所应具备的基本知识和基本技能，将教学内容分为数控车床的操作、数控车床编程、数控铣床操作、数控铣床编程四个大工作项目，四个大工作项目共下设25个小模块。内容编排上，本书详实而细致，尽可能把一些加工方法和加工方式表述得更清楚。

本书适应于数控车工、数控铣工学习与提高的需要，为从事数控加工的相关人员提供部分参考信息，可作为职业院校数控技术及相关专业的教材。

图书在版编目（CIP）数据

数控编程与操作 / 王春雨，王安主编. -- 北京：中国水利水电出版社，2014.5
国家中等职业教育改革发展示范校建设系列教材
ISBN 978-7-5170-2048-6

Ⅰ. ①数… Ⅱ. ①王… ②王… Ⅲ. ①数控机床－程序设计－中等专业学校－教材②数控机床－操作－中等专业学校－教材 Ⅳ. ①TG659

中国版本图书馆CIP数据核字(2014)第104876号

书 名	国家中等职业教育改革发展示范校建设系列教材 **数控编程与操作**
作 者	主 编 王春雨 王 安 副主编 李观宇 刘洪波 史丽敏 范立东 主 审 王文剑
出版发行	中国水利水电出版社 （北京市海淀区玉渊潭南路1号D座 100038） 网址：www.waterpub.com.cn E-mail：sales@waterpub.com.cn 电话：(010) 68367658（发行部）
经 售	北京科水图书销售中心（零售） 电话：(010) 88383994、63202643、68545874 全国各地新华书店和相关出版物销售网点
排 版	中国水利水电出版社微机排版中心
印 刷	北京瑞斯通印务发展有限公司
规 格	184mm×260mm 16开本 10印张 238千字
版 次	2014年5月第1版 2014年5月第1次印刷
印 数	0001—3000册
定 价	**26.00**元

黑龙江省水利水电学校教材编审委员会

本书编审人员

主　编：王春雨（黑龙江省水利水电学校）

王　安（黑龙江省水利水电学校）

副主编：李观宇（黑龙江省水利水电学校）

刘洪波（黑龙江省水利水电学校）

史丽敏（黑龙江省水利水电学校）

范立东（黑龙江省水利水电学校）

主　审：王文剑（山东临沂金星机床有限公司）

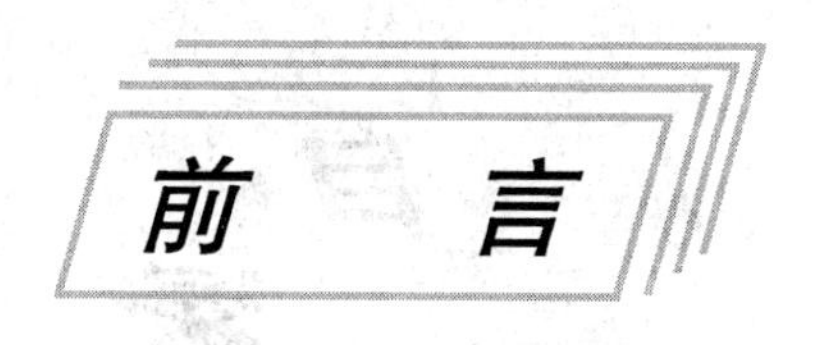

随着科学技术和市场经济的不断发展，对机械产品提出了高精度、高效率、通用性和灵活性的要求。数控机床的发展正迎合了企业自身发展的需要，数控机床可提高生产效率，提高产品质量，降低生产成本。数控机床是机电一体化的重要组成部分，是集精密机械技术、计算机技术、自动控制技术、微电子技术和伺服驱动技术于一体的高度机电一体化典型产品。数控机床体现了当前世界机床进步的主流，是衡量机械制造工作水平的重要技术指标，在先进制造技术中起着重要的基础核心作用。国内企业中缺乏高水平的数控技术人才，这严重制约了企业的发展，同时也制约了我国生产制造技术的发展。

数控操作是技术性非常强的工作，从加工工艺知识到编程加工，再到实际的数控机床操作，都要求从业人员具有较专业的技术水平。结合实际生产需要，本书以数控车床、数控铣床的应用操作与编程加工为教学目的，涉及两种数控操作系统，数控车以广州数控 GSK980TD 为例，数控铣以 FANUC 为例。在数控编程部分，本书以自然、详实的语言，介绍了各语句的功能，并配以实用性很强的例题，帮助消化理解语句功能，清楚其走刀路线。本书中还在某些知识上进行了扩展，增强了实用性。

由于编者的水平、经验及编写时间有限，书中如有疏漏或不妥之处，恳请读者批评指正。

编　者

2013 年 12 月

目录

项目一　数控车床的操作

数控车床本书以GSK980TD为讲述范例。

模块一　数控车床的基本概述

要想学习与操作数控车床，必须要对数控车床的一些基本情况有所了解，只有对数控车床有了一定的认识，才可以“有理有据”地对下面的知识进行学习，并对编程时所要注意的一些地方加深认识。

一、数控车床的加工范围

数控车床主要用来加工轴类零件的内外圆柱面、圆锥面、螺纹表面、成型回转体面等。对于盘类零件可以进行车端面、切槽、倒角等。机床还可以完成钻孔、扩孔、绞孔、镗孔等加工。

实际上数控车床与普通的车床在加工范围上基本没有区别，老车床工人总会说三个字：轴、盘、套（孔），这三个字就基本可以囊括车床对工件的加工范围。注意，我们在上面一段话中用的一个词——“基本可以”，这其中不包括一些机床与刀具配合使用的特殊技法，比如在轴面上“拉键槽”。

二、数控车床的特点

数控车床相对于普通车床在加工范围上要更加宽泛。根据数控加工的特点，数控车床适宜加工的范围如下。

（1）多品种、小批量生产的零件或新产品试制中的零件。随着数控机床制造成本逐步下降，现在不管是国内还是国外，加工大批量零件的情况已经出现。加工很小批量和单件生产，如能缩短程序的调试时间和工装的准备时间也是可以选用的。

（2）形状复杂、加工精度要求高、制造精度高、对刀精确、能方便地进行尺寸补偿、通用机床无法加工或很难保证加工质量的零件。

（3）表面粗糙度值小的零件。在工件和刀具的材料、精加工余量及刀具角度一定的情况下表面粗糙度取决于切削速度和进给速度。普通机床是恒定转速，直径不同切削速度就不同，像数控车床具有恒线速切削功能，车端面、不同直径外圆时可以用相同的线度，保证表面粗糙度值既小且一致。在加工表面粗糙度不同的表面时，粗糙度小的表面选用小的进给速度，粗糙度大的表面选用大些的进给速度，可变性很好，这点在普通机床上很难做到。

（4）轮廓形状复杂的零件。任意平面曲线都可以用直线或圆弧来逼近，数控机床具有直线、圆弧插补功能，可以加工各种复杂轮廓的零件。

(5) 具有难测量、难控制进给、难控制尺寸的不开敞内腔的零件。

(6) 必须在一次装夹中完成的多工序零件。

(7) 价格昂贵、加工中不允许报废的关键零件。

(8) 需要最短生产周期的急需零件。

(9) 在通用机床加工时极易受人为因素（如情绪波动、体力强弱、技术水平高低等）干扰，零件价值又高，一旦质量失控会造成重大经济损失的零件。

三、数控车床的型号

根据我国《金属切削机床型号编制方法》(GB/T 15375—2008)，数控车床的类代号为C（车），通用特性代号为K（数控），通过这两个代号就可以确定是不是数控车床了。车床的组别见表1-1-1。

表1-1-1　　车　床　组　别

组别类别	0	1	2	3	4	5	6	7	8	9
车床C	仪表车床	单轴自动车床	多轴自动半自动车床	回轮转塔车床	曲轴及凸轮轴车床	立式车床	落地及卧式车床	仿形及多刀车床	轮轴辊锭及铲齿车床	其他车床

这里不再详解数控车床的型号，如果大家有需要，可以查找国家标准。

四、数控车床的组成

数控车床一般由车床主机、控制部分、驱动部分、辅助部分等组成。

(1) 车床主机：是数控车床的机械本体，包括床身、主轴箱、工作台、进给机构等。

(2) 控制部分：是数控车床的控制核心，另外还包括程序中相关数据的计算。

(3) 驱动部分：是数控车床执行机构的驱动部件，包括主轴电动机和进给伺服电动机等。

(4) 辅助部分：是数控车床的一些配套部件，包括刀库、液压装置、气动装置、冷却系统、润滑系统、排屑装置等。

模块二　数控车床面板

认识并会使用数控车床面板与按钮是非常重要的，这是新手对机床进行操作的第一个步骤。不同的机床系统与不同的机床生产厂家的数控机床面板也有很大的不同。现在以GSK980TD为例（图1-2-1）。对数控车床的面板进行学习，大家在学习中要注意它们的按键图标，因为很多按键图标都是相近的，这样便于后面的学习生产中对不同的数控车床进行更进一步的认识。

一般数控车床的面板包括CNC键盘、机床控制面板。

一、CNC键盘

CNC操作键盘也称系统操作面板，包括显示器、指示灯、编辑面板，有的系统还配有菜单键（或软件键）等。

1. 显示器和指示灯

显示器用以显示信息，如图1-2-2所示，它是我们了解机床运行情况、监察工件加

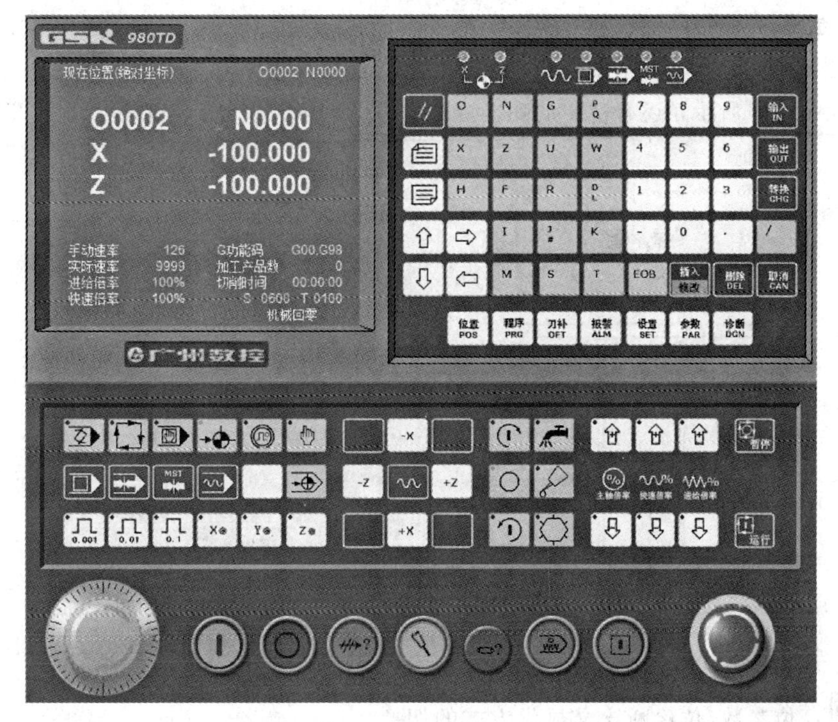

图 1-2-1　GSK980TD 工作面板

工情况等信息的重要来源。同时，还可以通过显示器清楚地知道工件的加工程序，对我们编写的程序进行一系列的操作。

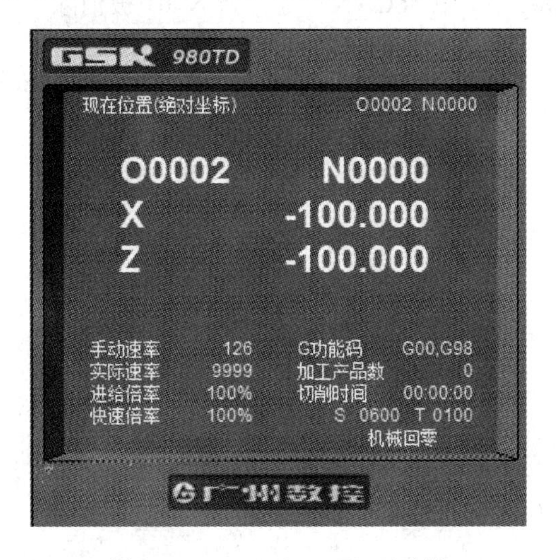

图 1-2-2　GSK980TD 显示器

图 1-2-3　GSK980TD 指示灯

指示灯用来显示工作状态。各数控系统指示灯数量不等，在 GSK980TD 系统中有 7 个指示灯，用象形符号表达它们的用途。图 1-2-3 中自右至左分别是：空运行状态指示灯、辅助功能锁住状态指示灯、机床锁住指示灯、程序段跳指示灯、单段运行状态指示灯、快速运行指示灯、X 和 Z 坐标回零结束状态指示灯，处于对应状态时，对应的指示灯亮。

2. 编辑面板

在编辑面板上，可以完成对程序的基本操作。编辑面板上有编辑程序所需要的字符和数字，如图 1-2-4 所示，还有特定的功能键。程序的编辑、修改、查看等都在这里进行。

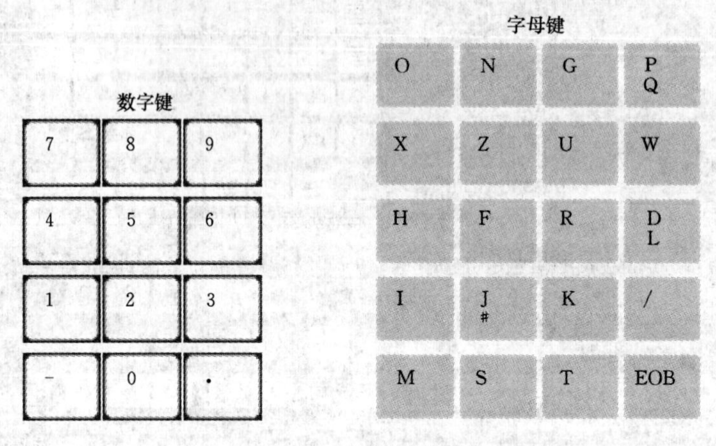

图 1-2-4　GSK980TD 的数字与字符键

数字/字母键用于输入数据到输入区域，系统自动判别取字母还是取数字。

转换 CHG：位参数/位诊断含义显示方式的切换。

取消 CAN：消除输入到键输入缓冲寄存器中的字符或符号。键输入缓冲寄存器的内容由 CRT 显示。例：键输入缓冲寄存器显示为 N001 时，按［CAN］键，则 N001 被消除。

删除 DEL：用于程序的删除编辑操作。

修改 ALT：用于程序的修改编辑操作。

插入 INS：用于程序的插入编辑操作。

位置 POS：按下该键，CRT 显示现在位置，共有四页：相对、绝对、总和、位置/程序，通过翻页键转换。

程序 PRG：程序的显示、编辑等，共有三页：MDI/模、程序、目录/存储量。

刀补 OFT：显示、设定补偿量和宏变量，共有两项：偏置和宏变量。

报警 ALM：显示报警信息。

设置 SET：显示、设置各种设置参数、参数开关及程序开关。

参数 PAR：显示、设定参数。

：显示各种诊断数据。

：使 LCD 画面的页逆方向更换。

：使 LCD 画面的页顺方向更换。

：使光标向上移动一个区分单位。

：使光标向下移动一个区分单位。

：解除报警，CNC 复位。

：输入键，用于输入参数、补偿量等数据，从 RS232 接口输入文件的启动到 MDI 方式下程序段指令的输入。

：输出键，从 RS232 接口输出文件启动。

二、机床控制面板

机床控制面板也称机床操作面板，它位于窗口与编辑面板的下侧，如图 1-2-5 所示，主要用于控制机床的运动和选择机床运行状态，由模式选择旋钮、数控程序运行控制开关等多个部分组成，每一部分的详细说明如下。

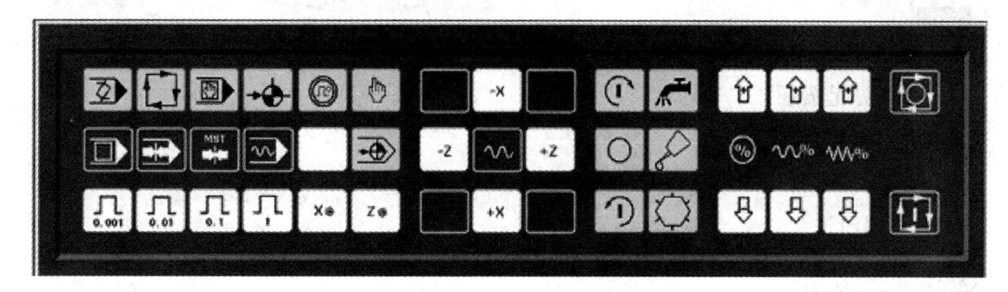

图 1-2-5　GSK980TD 机床控制面板

(1) 方式选择。

EDIT：用于直接通过操作面板输入数控程序和编辑程序。

AUTO：进入自动加工模式。

MDI：手动数据输入。

REF：回参考点。

HNDL：手摇脉冲方式。

JOG：手动方式，手动连续移动台面或者刀具。

机床操作者要根据自己的实际需要进行不同工作方式的选择。

(2) 数控程序运行控制开关。

：单程序段。

：机床锁住。

：辅助功能锁定。

：空运行。

：程序回零。

：手轮 X 轴选择。

：手轮 Z 轴选择。

(3) 机床主轴手动控制开关。

：手动开机床主轴正转。

：手动关机床主轴。

：手动开机床主轴反转。

(4) 辅助功能按钮。

：冷却液。

：润滑液。

：换刀具。

(5) 手轮进给量控制按钮。

：选择手动台面时每一步的距离：0.001mm、0.01mm、0.1mm、1mm。

(6) 手动移动机床台面按钮。

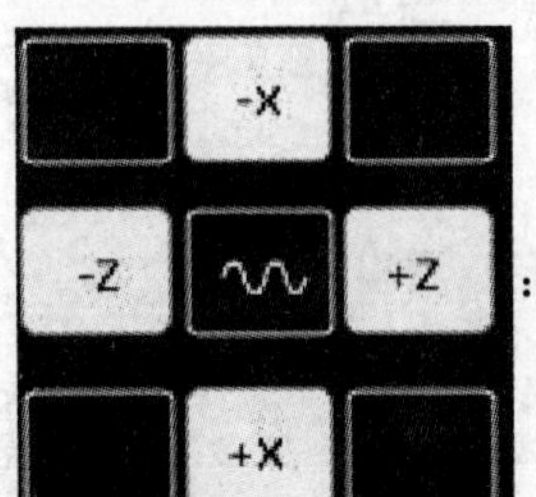

：选择移动轴，正方向移动按钮，负方向移动按钮。

：快速进给升降速按钮。

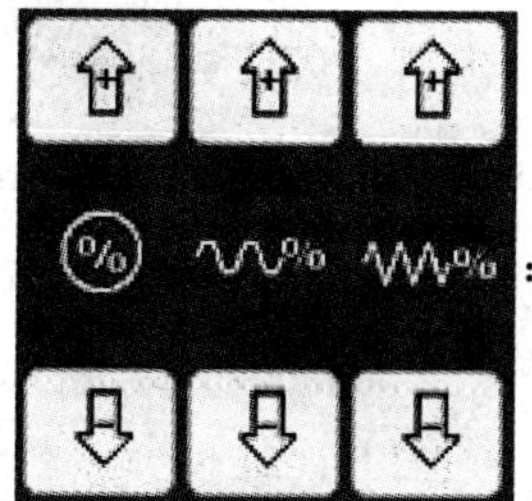
：主轴升降速/快速进给升降速/进给升降速。

这些按钮、按键是每个机床操作者都要熟悉的，如果你是个新手，一时还记不下来每个按键的意思及用途，也不用太着急，在以后的机床操作及使用中，你会对它们有更深的了解。

模块三　程　序　操　作

在此节以后，要介绍程序的存储、编辑操作，为此有必要介绍一下操作前的准备。

（1）把程序保护开关置于 ON 上。

（2）操作方式设定为编辑方式。

（3）按程序键，显示程序，然后方可编辑程序。

当采用 RS232 进行传递数据时，需要做如下准备：

（1）连接好数控车床与 PC 机。

（2）设定好与 RS232—C 有关的设定。

（3）把程序保护开关置于 ON 上。

（4）操作方式设定为 EDIT 方式（即编辑方式）。

（5）按“程序”键，显示程序。

一、程序的建立

1. 用键盘键入

（1）方式选择为编辑方式。

（2）按［程序］键。

（3）用键输入地址 O。

（4）用键输入新建程序号，此程序号必须是唯一的。

（5）按 EOB 键。

通过这个操作存入程序号，然后把程序中的每个字用键输入，再按 INS/EOB 键将键入的程序存储起来。

2. 用 PC 机输入

（1）选择方式（EDIT）。

（2）按［程序］键，显示程序画面。

（3）按地址 O 用键输入程序号。

（4）启动 PC 机使之输出状态。

（5）按 IN 键，此时程序即传入存储器，传输过程中画面状态行闪烁“输入”。

二、程序的删除

程序的删除主要是单个程序的删除与全部程序的删除。

1. 删除存储器中的程序

(1) 选择编辑方式。

(2) 按［程序］键，显示程序画面。

(3) 按地址 O。

(4) 用键输入程序号。

(5) 按 DEL 键对应键入程序号的存储器中的程序被删除。

2. 删除存储器中的全部程序

(1) 选择编辑方式。

(2) 按［程序］键，显示程序画面。

(3) 按地址键 O。

(4) 输入－9999 并按 DEL 键。

三、程序的检索

程序选择与程序建立的步骤是相近的，只是新建程序的程序号是机床存储器里没有出现的，而要选择的程序是已在机床存储器中存在的。在编辑或自动操作方式下进行编辑和自动运行都要选择程序。选择程序的方法有三种：

(1) 检索法。

1) 方式选择为编辑方式。

2) 按［程序］键。

3) 用键输入地址 O。

4) 用键输入要选择的程序号。

5) 按 EOB 键或↓键。

6) 检索结束时，在 LCD 画面显示检索出的程序并在画面的右上部显示已检索的程序号。

(2) 扫描法。

1) 选择方式（编辑或自动方式）。

2) 按［程序］键。

3) 按地址 O。

4) 按↓键。

(3) 光标确认法。

1) 选择方式（必须处于非运行状态）。

2) 按［程序］键。

3) 进入程序显示页面。

4) 按各光标键，将光标移到所选的程序名上。

5) 按换行键，即可显示选择的程序。

四、程序的输出

1. 程序的输出

把存储器中的程序输出给 PC 机。

（1）连接好数控车床与 PC 机。

（2）设定输出代码（ISO）。

（3）把方式选择开关置于编辑方式。

（4）按［程序］键，显示程序画面。

（5）使 PC 机于输入等待状态。

（6）按地址键 O。

（7）用键输入程序号。

（8）按 OUT 键，把输入号码的程序输出给 PC 机。

注：按 RESET 键，可中途停止输出。

2. 全部程序的输出

把存储器中存储的全部程序输出至编程器。

（1）连接好 GSK980TD 与 PC 机。

（2）设定输出代码（ISO）。

（3）把方式选择开关置于编辑方式。

（4）按［程序］键，显示程序画面。

（5）按地址键 O。

（6）输入－9999 并按 OUT 键。

五、程序的内部检索

顺序号检索通常是检索程序内的某一顺序号，一般用于从这个顺序号开始执行或者编辑。

由于检索而被跳过的程序段对 CNC 的状态没有影响。也就是说，被跳过的程序段中的坐标值，M、S、T 代码，G 代码等对 CNC 的坐标值、模态值不产生影响。因此，按照顺序号检索指令，开始或者再次开始执行的程序段，要设定必要的 M、S、T 代码及坐标系等。进行顺序号检索的程序段一般是在工序的相接处。

如果必须检索工序中某一程序段并以其开始执行时，需要查清此时的机床状态、CNC 状态。需要与其对应的 M、S、T 代码和坐标系的设定等，可用录入方式输入进去，执行进行设定。检索存储器中存入程序顺序号的步骤如下：

（1）把方式选择置于自动或编辑上。

（2）按［程序］键，显示程序画面。

（3）选择要检索顺序号的所在程序。

（4）按地址键 N。

（5）用键输入要检索的顺序号。

（6）按光标↓键/↑键。

（7）检索结束时，在 LCD 画面的右上部显示出已检索的顺序号。

注：在顺序号检索中，不执行 M98××××（调用的子程序），因此在自动方式检索时，如果要检索现在选出程序中所调用的子程序内的某个顺序号，则会出现报警。

六、字的插入、修改、删除

存入存储器中程序的内容是可以改变的。

（1）把方式选择为编辑方式。

（2）按［程序］键，显示程序画面。

（3）选择要编辑的程序。

（4）检索要编辑的字，有以下两种方法：

·用扫描（SACN）的方法。

·用检索字的方法。

（5）进行字的修改、插入、删除等编辑操作。

注： 1. 字的概念和编辑单位：所谓字是由地址和跟在它后面的数据组成。对于用户宏程序，字的概念完全没有了，通称为“编辑单位”。在一次扫描中，光标显示在“编辑单位”的开头。插入时，插入的内容在“编辑单位”之后。

编辑单位的定义：

a. 从当前地址到下个地址之前的内容。如 G65 H01 P＃103 Q105 中有 4 个编辑单位。

b. 所谓地址是指字母，（EOB）为单独一个字。

根据这个定义，字也是一个编辑单位。在下面关于编辑的说明中，所谓字，正确地说应该是“编辑单位”。

2. 光标总是在某一编辑单位的下端，而编辑的操作也是在光标所指的编辑单位上进行的，在自动方式下程序的执行也是从光标所指的编辑单位开始执行程序的。将光标移动至要编辑的位置或要执行的位置称为检索。

1. 字的检索

（1）用扫描的方法一个字一个字地扫描。

1）按光标↓键时：

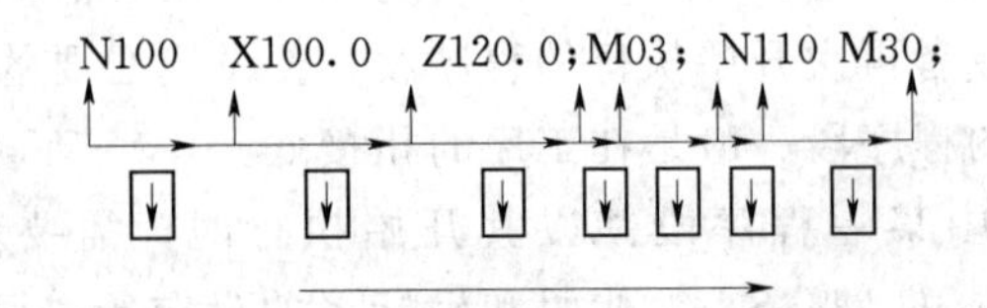

在画面上，光标一个字一个字地顺方向移动。也就是说，在被选择字的地址下面显示出光标。

2）按光标↑键时：

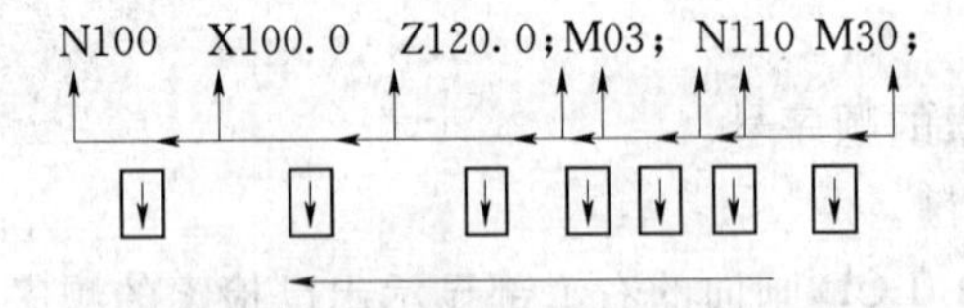

在画面上，光标一个字一个字地反方向移动。也就是说，在被选择字的地址下面显示出光标。

3）如果持续按光标↓键或光标↑键，则会连续自动快速移动光标。

4）按下翻页键，画面翻页，光标移至下页开头的字。

5）按上翻页键，画面翻到前一页，光标移至开头的字。

6）持续按下翻页或上翻页，则自动快速连续翻页。

（2）用检索字的方法从光标现在位置开始，顺方向或反方向检索指定的字。

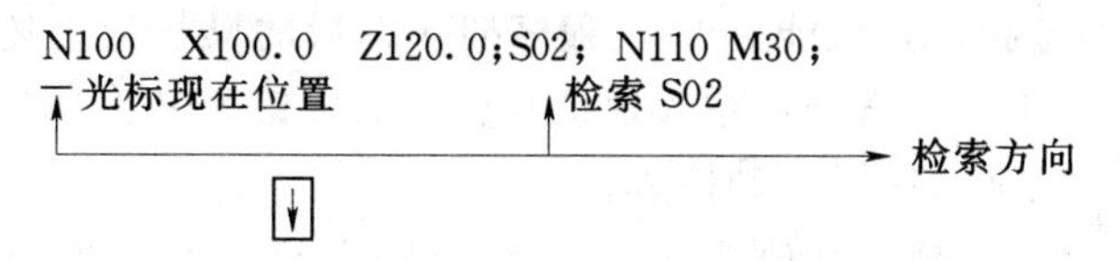

1）用键输入地址 S。

2）用键输入“0”和“2”。

注：如果只用键输入 S1，则不能检索 S02；检索 S01 时，如果只是 S1 则不能检索，此时必须输入 S01。

3）按光标↓键，开始检索。

如果检索完成了，光标显示在 S02 的下面。如果不是按光标↓键，而是按光标↑键，则向反方向检索。

（3）用地址检索的方法从现在位置开始，顺方向检索指定的地址。

1）按地址键 M。

2）按光标↓键。

检索完成后，光标显示在 M 的下面。如果不是按光标↓键，而是按光标↑键，则反方向检索。

（4）返回到程序开头的方法。

O0200;N100 X100.0 Z120.0;S02;N110 M30;

程序开关　　光标现在位置

检索方向 ←

方法 1：按复位［//］键（编辑方式，选择了程序画面），当返回到开头后，在 LCD 画面上，从头开始显示程序的内容。

方法 2：检索程序号。

方法 3：

a. 置于自动方式或编辑方式。

b. 按［程序］键，显示程序画面。

c. 按地址 O。

d. 按光标↑键。

2. 字的插入

（1）检索或扫描到要插入的前一个字。

（2）用键输入要插入的地址。

(3) 用键输入数值。

(4) 按 INS 键。

编辑插入机能 A/B:

编辑程序时，当选择插入机能 A 时，程序插入编辑的操作为上述的操作；当选择机能 B 时，在机能 A 的基础上增加：键入地址和数据后，键入其他地址键时自动插入，键入 EOB 时连同';'(或 *) 一同自动插入。

例如，键入 X 100.，键入其他地址键时 X 100. 自动插入；键入 EOB，X 100.；自动插入。

由参数 NO. 005. BIT3：EDTB 选择编辑机能 A/B。

3. 字的变更

N100 X100.0 Z120.0 T15;S02;N110 M30;
↑ 光标现在位置
要变更为 M03 时

(1) 检索或扫描到要变更的字。

(2) 输入要变更的地址，本例中输入 M。

(3) 用键输入数据。

(4) 按 ALT 键，则新键入的字代替了当前光标所指的字。

如输入 M03，按 ALT 键时：

N100 X100.0 Z120.0 M03;S02;N110 M30;
↑ 光标现在位置
变更后的内容

4. 字的删除

N100 X100.0 Z120.0 M03;S02;N110 M30;
↑ 光标现在位置
要删除 Z120.0

(1) 检索或扫描到要删除的字。

(2) 按 DEL 键，则当前光标所指的字被删除。

N100 X100.0 M03;S02;N110 M30;
↑ 光标现在位置
删除后

5. 多个程序段的删除

从现在显示的字开始，删除到指定顺序号的程序段。

N100 X100.0 M03;S02;…N2233 S02;N 2300 M30;
↑ 光标现在位置
要把此区域删除 ↑

(1) 按地址键 N。

(2) 用键输入顺序号 2233。

(3) 按 DEL 键，至 N2233 的程序段被删除，光标移到下个字的地址下面。

七、程序的管理

程序的管理对于加工管理来说尤为重要。一般的数控设备内部的存储器并不是很大，有时只能存放一两个程序，而我们的数控设备加工的工件种类又是多种多样的，这一两个程序不可能满足我们的需要，这时就需要人为地对设备上的程序进行导入、导出工作。程序的管理必须明确到人，每个外置程序存储器必须专属专用，避免与网络接触以防感染病毒，丢失程序数据。每隔一段时间要进行程序数据的备份、整理。

在非编辑操作方式下，按［程序］键，进入程序显示页面。这个页面显示系统软件的版本号、零件程序总容量和已用量、存储器容量和已用量、程序名列表等信息，如图 1-3-1 所示。

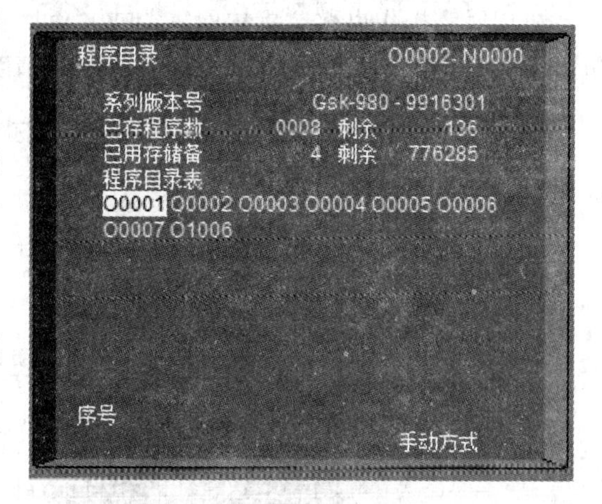

图 1-3-1 程序目录显示页面

在编辑操作方式下，可以进入参数页面修改机床参数。为保证机床正常运行，操作者不要任意修改参数，修改必须由维修人员来进行。为此设定了参数开关，有的还设定密码来限制。

模块四 机 床 操 作

一、开、关机操作

1. 开机操作

接通电源前，应做如下检查：

(1) 检查机床状态正常。

(2) 通电还应该确认电压和相序是否符合要求。

(3) 接线正确牢固。

然后进行如下操作：

(1) 接通主开关。

(2) 旋开急停按钮。

(3) 按下控制按钮，接通 CNC 电源 (NC ON)。此时，数控系统开始自检和初始化，完成后屏上显示坐标当前位置。这个显示值是随机的，也可以是 0.00。

(4) 执行回零操作（回零前，要在手动操作方式下使坐标离开参考点一段距离），接着才可以进行其他操作。

2. 关机操作

关机前，应确认：各坐标轴停于适当位置，各动力装备停止运转。

然后进行如下操作：

（1）按下急停按钮。

（2）切断 CNC 电源（NC OFF）。

（3）关闭主开关。

二、回零操作

机床回零操作也称“机械回零”或“返回机床参点”，此项操作是操作人员在机床开机后的第一步操作，主要目的是修正机床的精度误差。

（1）按参考点方式键选择回参考点操作方式，这时液晶屏幕右下角显示［机械回零］。

（2）选择移动轴

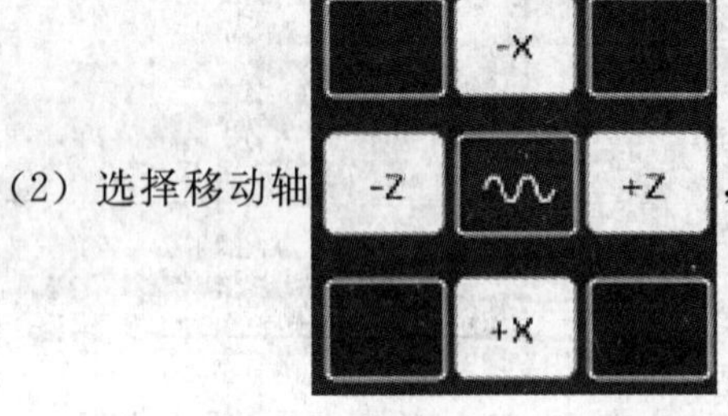

，机床沿着选择轴方向移动。

在减速点以前，机床快速移动，碰到减速开关后以 FL（参数 032 号）的速度移动到参考点。在快速进给期间，快速进给倍率有效。

图 1-4-1　返回参考点结束指示灯

（3）返回参考点后，返回参考点指示灯亮，如图 1-4-1 所示。

注： 1. 返回参考点结束时，返回参考点结束指示灯亮。

2. 返回参考点结束指示灯亮时，在下列情况下灭灯：①从参考点移出时；②按下急停开关时。

3. 参考点方向请参照机床厂家说明书。

在这里建议大家操作此项时，在无工件干涉的情况下，先返回 X 轴，以免先返回 Z 轴时与车床尾座相撞。

三、手动操作

（1）按下手动方式键选择手动操作方式，这时液晶屏幕右下角显示［手动方式］。

（2）按下手动轴向运动开关 -X -Z +Z +X，一直到达位置点后方可松开。机床向选择的轴向运动。

注： 手动期间只能一个轴运动，如果同时选择两轴的开关，也只能是先选择的那个轴运动。如果选择 2 轴机能，可手动 2 轴开关同时移动。

（3）选择JOG进给速度，按进给倍率调整  ，进给倍率调整参照表1-4-1选择。

表1-4-1　　进给倍率表

进给倍率/%	进给速度/（mm·min^{-1}）	进给倍率/%	进给速度/（mm·min^{-1}）
0	0	80	50
10	2.0	90	79
20	3.2	100	126
30	5.0	110	200
40	7.9	120	320
50	12.6	130	500
60	20	140	790
70	32	150	1260

注　此表约有3%的误差。

（4）快速进给。

按下快速进给键时，同带自锁的按钮，进行“开→关→开……”切换，当为“开”时，位于面板上部指示灯亮，关时指示灯灭。选择为开时，手动以快速速度进给，如图1-4-2所示。

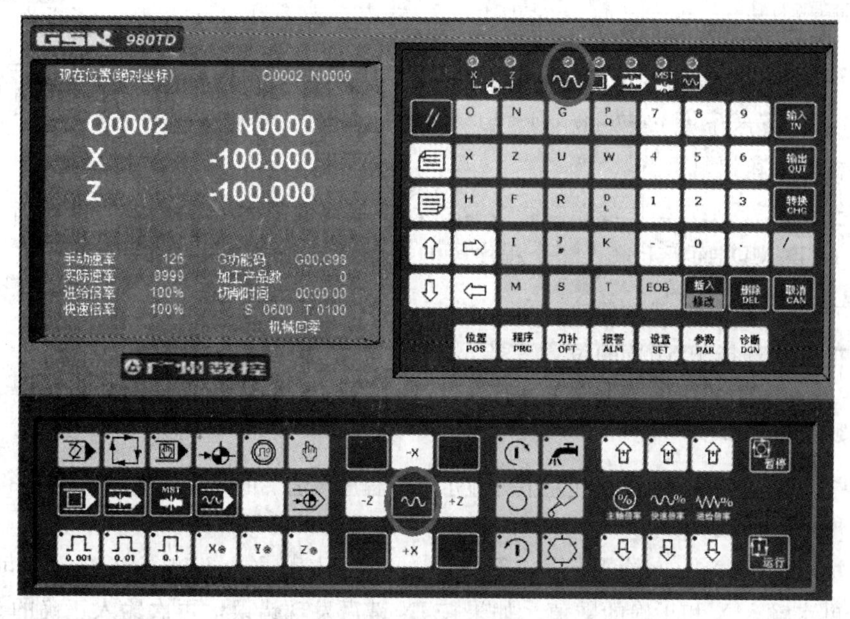

图1-4-2　手动快速键与手动快速指示灯

按此开关为ON时，刀具在已选择的轴方向上快速进给。

注：快速进给时的速度、时间常数、加减速方式与用程序指令的快速进给（G00定位）时相同；在接通电源或解除急停后，如没有返回参考点，当快速进给开关为ON（开）时，手动进给速度为JOG进给速度或快速进给，由参数（NO.012 ISOT）选择；在编辑/手轮方式下，按键无效，指示灯灭，其他方式下可选择快速进给，转换方式时取消快速进给。

四、手轮操作

转动手摇脉冲发生器，可以使机床微量进给。

（1）按下手轮方式键 选择手轮操作方式，这时液晶屏幕右下角显示［手轮方式］。

（2）选择手轮运动轴：在手轮方式下，按下相应的键 X 和 Z 。

注：在手轮方式下，按键有效。所选手轮轴的地址［U］或［W］闪烁。

（3）转动手轮 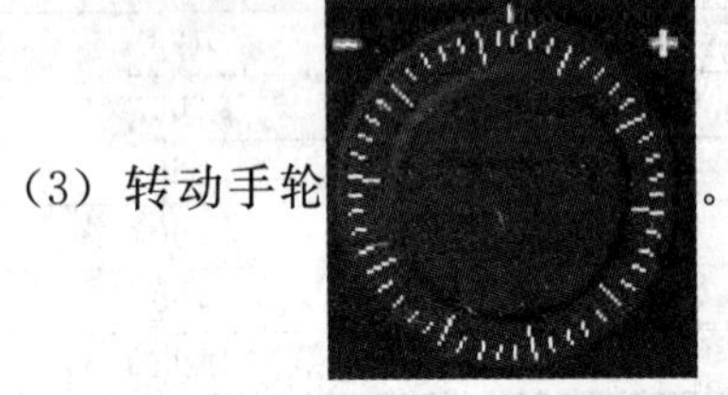 。

（4）选择移动量：按下增量选择移动增量，相应地在屏幕左下角显示移动增量。

（5）移动量选择开关 0.001 、 0.01 、 0.1 ，移动量见表1-4-2。

表1-4-2　　手轮移动量

	每一刻度的移动量		
输入单位制	0.001	0.01	0.1
公制输入/mm	0.001	0.01	0.1

注　表1-4-2中数值根据机械不同而不同；手摇脉冲发生器的速度要低于5r/min，如果超过此速度，即使手摇脉冲发生器回转结束了，但不能立即停止，会出现刻度和移动量不符；在手轮方式下，按键有效。

五、录入操作

录入操作也称MDI操作或单行指令执行，简单地说就是一种简单的单行指令执行的方式。从LCD/MDI面板上输入一个程序段的指令，并且可以执行该程序段。

例：G00 X15.2 Z100.5；

（1）把方式选择于MDI的位置（录入方式）， 。

（2）按 程序 PRG 键。

（3）按［翻页］按钮后选择在左上方显示有“程序段值”的画面，如图1-4-3所示。

（4）键入X15.2。

（5）按IN键。X15.2输入后被显示出来。按IN键以前，发现输入错误，可按CAN键，然后再次输入X和正确的数值。如果按IN键后发现错误，再次输入正确的数值。

（6）输入Z100.5。

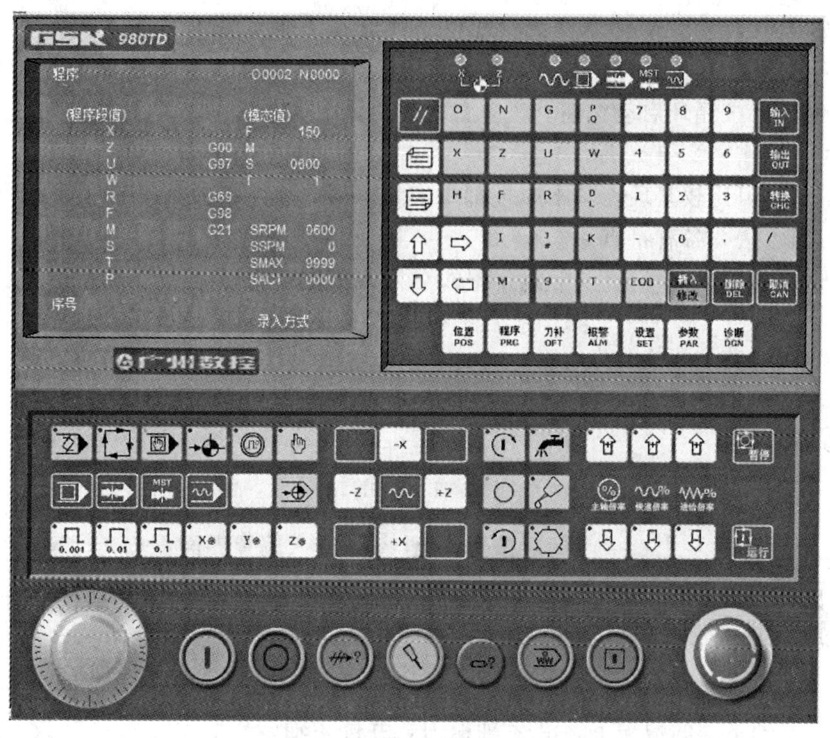

图 1－4－3　程序段值画面

（7）按 IN 键，Z100.5 被输入并显示出来，如图 1－4－4 所示。

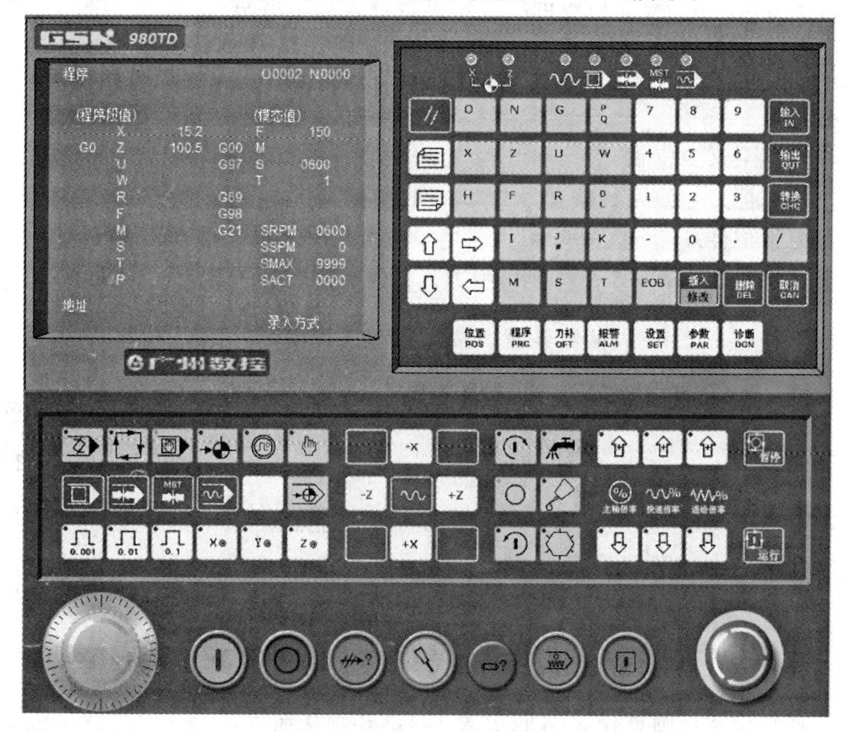

图 1－4－4　程序段 G00 X15.2 Z100.5

(8) 按循环启动键。

按循环启动键前，取消部分操作内容。为了要取消 Z200.5，方法如下：①依次按 Z、CAN、IN 键；②按循环启动按钮。

六、对刀操作

数控车床对刀比较繁琐，基本原理都是实切一刀，将结果添入刀补表。GSK980 系统提供三种对刀方法，各有特点。

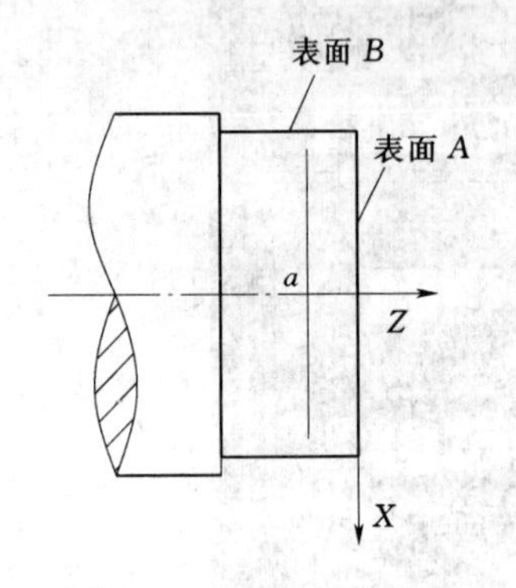

图 1-4-5 回机械零点对刀示意图 (1)

下面介绍的对刀方法比较常用。

1. 回机械零点对刀

(1) 执行回零操作。

(2) 选 1 号刀，偏置号为 00 (取消偏置)。

(3) 用刀切工件端面 A。

(4) 在 Z 轴不动的情况下，沿 X 轴退刀，并停主轴。

(5) 按刀补键 [刀补 OFT] 进入偏置界面，按光标键选择偏置号。

(6) 按地址键 Z 和数字键 0，并确认输入，Z 轴偏置值被设定。

(7) 用刀切工件圆柱面 B。

(8) 在 X 轴不动的情况下，沿 Z 轴退刀，并停主轴。

(9) 测量圆柱直径 a (假定为 15)。

(10) 按刀补键 [刀补 OFT] 进入偏置界面，按光标键选择偏置号。

(11) 按地址键 X，圆直径 a (假定为 15)，并确认输入，X 轴偏置值被设定，如图 1-4-5所示。

(12) 移坐标至安全位置。

(13) 换第二把刀，使刀具偏置号为 00 (取消偏置)。

(14) 用刀切工件端面 A_1。

(15) 在 Z 轴不动的情况下，沿 X 轴退刀，并停主轴。测 A_1 与 A 工件坐标原点距离 b'。

(16) 按刀补键 [刀补 OFT] 进入偏置界面，按光标键选择偏置号。

(17) 按地址键 Z、符号键“-”、数字键 b′，第二把刀的 Z 轴偏置值被设定。

(18) 用刀切工件圆柱面 B_1。

(19) 在 X 轴不动的情况下，沿 Z 轴退刀，并停主轴。

(20) 测量圆柱直径 a' (假定为 10)。

(21) 按刀补键 [刀补 OFT] 进入偏置界面，按光标键选择偏置号。

(22) 按地址键 X，圆直径 a' (假定为 10)，并确认输入，X 轴偏置值被设定，如图1-4-6所示。

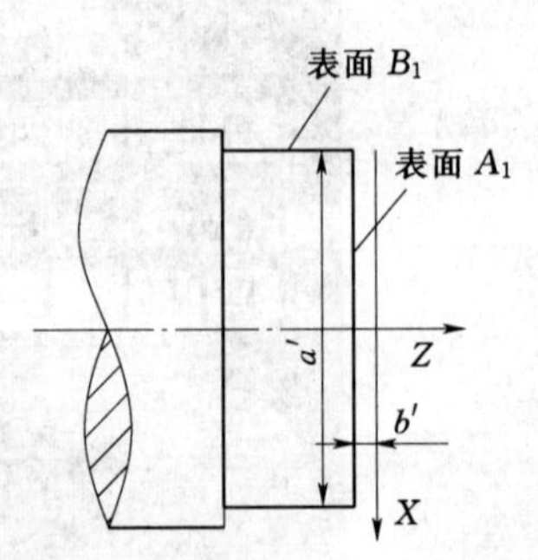

图 1-4-6 回机械零点对刀示意图 (2)

（23）移坐标至安全位置。

（24）重复步骤（15）～（23），可完成所有刀的对刀。

特别提示：

（1）回机械零点对刀后，不能执行 G50 指令设定工件坐标系。因为这种对刀方式在开始时就已经在工件端面建立了工件坐标系。

（2）参数设置（表 1-4-3）必须与这种状态相匹配。

表 1-4-3　　对刀参数设置表

参数设定	设置的意义
参数 NO.003 的 BIT4＝1	坐标偏移方式执行刀补
参数 NO.004 的 BIT1＝0	在位置页面上显示的相对坐标为含有刀具补偿的位置
参数 NO.012 的 BIT5＝1	试切对刀功能有效
参数 NO.012 的 BIT7＝1	返回参考点后自动设定绝对坐标系，值由参数决定

（3）绝对坐标系的设定值应与工件坐标系的坐标值相近，如图 1-4-7 所示：a 近似等于回零后 X 轴显示值，b 近似等于回零后 Z 轴显示值。

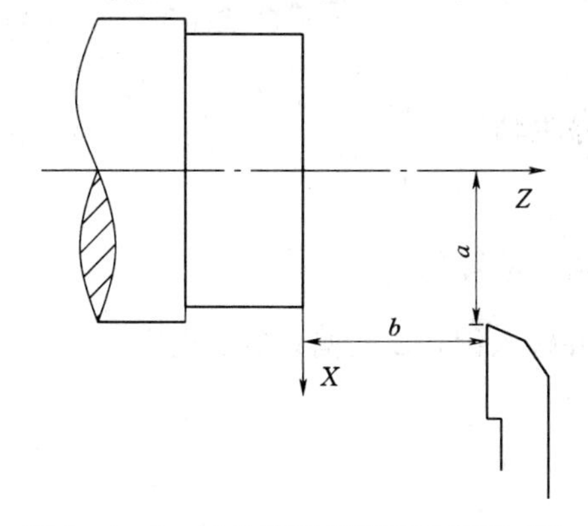

图 1-4-7　回机械零点对刀示意图（3）

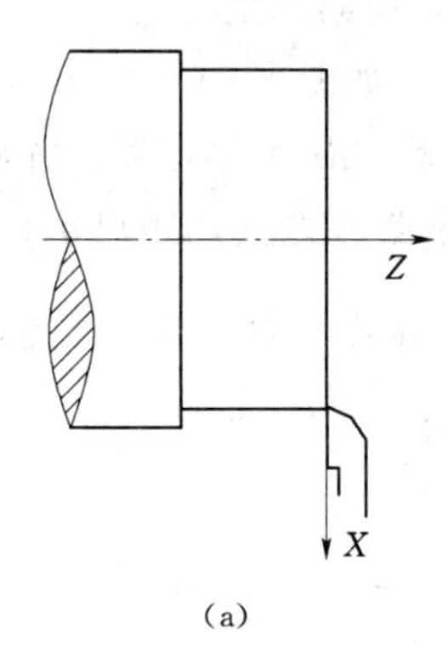

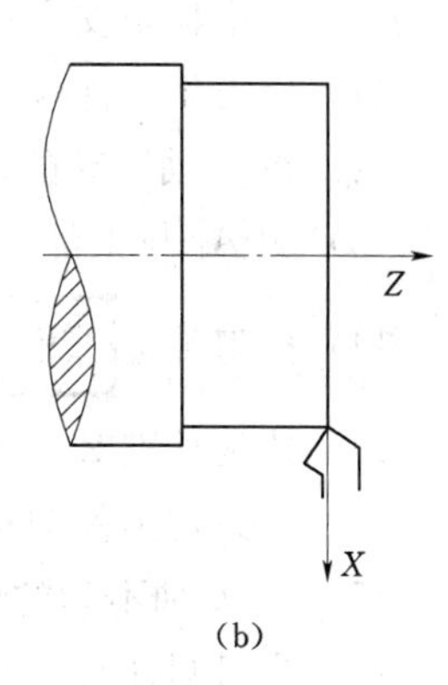

图 1-4-8　定点对刀示意图

2. 定点对刀

（1）确定 X、Z 向的刀补值为 0，如果不为 0，必须清零。

（2）使刀具中的偏置号为 00。

（3）选择第一把刀作基准。

（4）将基准刀移到对刀点，如图 1-4-8（a）所示。

（5）在录入操作方式下，进入程序状态页面，用 G50 X _ Z _ 指令设定工件坐标系。

（6）使相对坐标（U，W）的坐标值清零。

（7）移动刀具到安全位置后选第二把刀，再移动到原对刀点，如图 1-4-8（b）所示。

（8）按刀补键 [刀补 OFT] 进入偏置界面，移动光标键选择该刀对应的刀具偏置号。

（9）按地址键 U，按输入键 [输入 IN]，X 向刀具偏置值被设置到对应的偏置中。

(10) 按地址键 W，按输入键[输入 IN]，Z 向刀具偏置值被设置到对应的偏置中。

(11) 重复步骤（7）～（10），可对其余刀具进行对刀。

3. 试切对刀

(1) 选择第一把刀，使刀切工件端面 A，如图 1-4-9（a）所示。

(2) 在 Z 轴不动的情况下，沿 X 轴退刀，并停主轴。

(3) 按刀补键[刀补 OFT]进入偏置界面，按光标键选择偏置号。

(4) 按地址键 Z 和数字键 0，并确认输入，Z 轴偏置值被设定。

(5) 用刀切工件圆柱面 B。

(6) 在 X 轴不动的情况下，沿 Z 轴退刀，并停主轴。

(7) 测量圆柱直径 a（假定为 15）。

(8) 按刀补键[刀补 OFT]进入偏置界面，按光标键选择偏置号。

(9) 按地址键 X，圆直径 a（假定为 15），并确认输入，X 轴偏置值被设定。

(10) 移坐标至安全位置，换第二把刀。

(11) 用刀切工件端面 A_1，如图 1-4-9（b）所示。

(12) 在 Z 轴不动的情况下，沿 X 轴退刀，并停主轴。

(13) 测 A_1 与工件坐标原点 A 之间的距离 b'。

(14) 按刀补键[刀补 OFT]进入偏置界面，按光标键选择偏置号。

(15) 按地址键 Z、符号键“—”、数字键 b′，并输入键，Z 轴偏置值被设定。

(16) 用刀切工件圆柱面 B_1。

(17) 在 X 轴不动的情况下，沿 Z 轴退刀，并停主轴。

(18) 测量圆柱直径 a'（假定为 10）。

(19) 按刀补键[刀补 OFT]进入偏置界面，按光标键选择偏置号。

(20) 按地址键 X，圆直径 a'（假定为 10），并确认输入，X 轴偏置值被设定。

(21) 重复步骤（10）～（20），可完成所有刀的对刀。

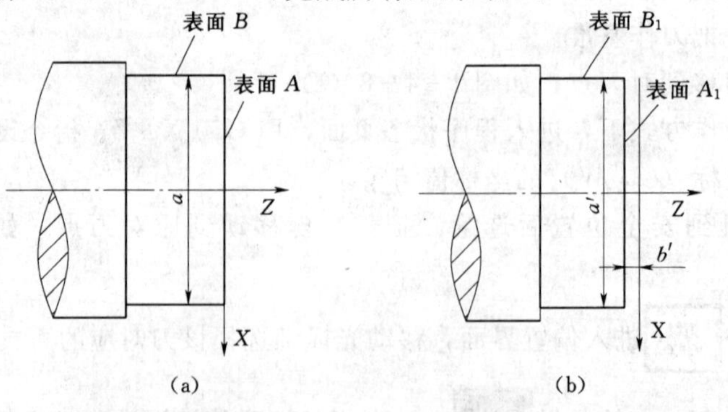

图 1-4-9　试切对刀示意图

特别提示：试切对刀有效，必须设定参数 NO.012 的 BIT5＝1 试切对刀功能有效，和参数 NO.003 的 BIT4＝1 坐标偏移方式执行刀补。

程序开始或者程序第一个移动指令程序段必须包含执行刀具长度补偿的 T 指令。

4. 三种对刀方法的优缺点

定点对刀需要选定一把基准刀，并确定它在工件坐标系的位置。其他刀相对基准刀确定偏置值。

试切对刀 GSK980TD 系统必须在参数中设定相应参数有效。

回零对刀各刀独立，不存在基准刀，各刀都相对机械零点补偿长度。因此，断电后只要回零补偿就有效，不需要重新对刀。磨损或更换刀时，只需要对此刀进行重新对刀即可，与其他刀具无关，但参数必须设定正确。

5. 刀具偏置值的输入

（1）按刀补键（刀补 OFT）进入偏置界面，按页键选择需要的页，如图 1－4－10 所示。

偏置　　O0002 N0000

NO.	X	Z	R	T
01	0.000	0.000	0.000	3
02	0.000	0.000	0.000	3
03	0.000	0.000	0.000	3
04	-220.000	140.000	0.000	3
05	-232.000	140.000	0.000	3
06	0.000	0.000	0.000	3
07	-242.000	140.000	0.000	3
08	-238.464	139.000	0.000	3
09	0.000	0.000	0.000	3

现在位置(相对位置)
U　-100.000　W　-100.000
序号　　S 0600　T 0100
录入方式

图 1－4－10　刀具偏置设定页面

（2）移动光标键选择偏置号。

（3）按地址键 X 或 Z 后，输入数值，按输入键（输入 IN）。

刀偏一般以绝对值 *X* 或 *Z* 输入，增量值 *U* 或 *W* 主要用于修改，也可以直接输入，但是要注意增量值与原值累加。例如，已设定的 X 轴刀偏为 5.67。如果再输入相对值 *U*1.5，则新设定的 *X* 轴刀偏为 7.17(＝5.67＋1.5)。

刀偏值清零方法有以下两种：

（1）按地址键 X 或 Z 之后，不输入数值，直接按输入键（输入 IN），则该轴刀偏值被清零。

（2）用增量值输入当前值的相反数。例如，*X* 轴当前值为 7.17，则输入 U－7.17，再按输入键（输入 IN），则 *X* 轴刀偏值被清零。

如果已加工的零件尺寸和图纸不符，用修改刀偏的方法远比修改程序要省事合理得多。例如，图纸要求零件外径为 55.38，此时刀偏值为 16.38，加工后测量零件外径为 55.56，此时可修改刀偏为 16.38＋(55.56－55.38)＝16.56。很明显，如果实际测量零件尺寸比图纸要求小了，则再次加工零件时，应该修正的刀补值是在原偏置值上减去误差，作新偏置值。

七、手动辅助机能操作

1. 手动换刀

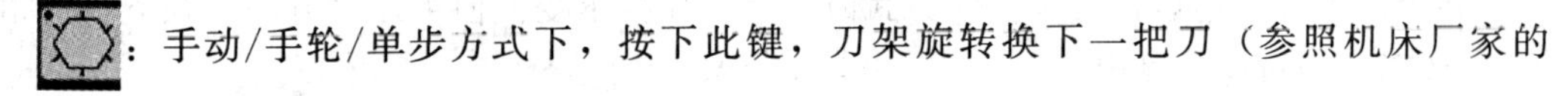

：手动/手轮/单步方式下，按下此键，刀架旋转换下一把刀（参照机床厂家的

说明书）。

2. 冷却液开关

：手动/手轮/单步方式下，按下此键，同带自锁的按钮，进行“开→关→开……”切换。

3. 润滑开关

：手动/手轮/单步方式下，按下此键，同带自锁的按钮，进行“开→关→开……”切换。

4. 主轴正转

：手动/手轮/单步方式下，按下此键，主轴正向转动启动。

5. 主轴反转

：手动/手轮/单步方式下，按下此键，主轴反向转动启动。

6. 主轴停止

：手动/手轮/单步方式下，按下此键，主轴停止转动。

键指示灯：无论是在何种方式下，只要主轴停止，则键指示灯亮，否则指示灯灭。

7. 主轴倍率增加或减少（选择主轴模拟机能时）

增加：按一次增加键，主轴倍率从当前倍率以下面的顺序增加一挡，50％→60％→70％→80％→90％→100％→110％→120％→120％…

减少：按一次减少键，主轴倍率从当前倍率以下面的顺序递减一挡，120％→110％→100％→90％→80％→70％→60％→50％→50％…

注：相应倍率变化在屏幕左下角显示。

8. 面板指示灯

回零完成灯：返回参考点后，已返回参考点轴的指示灯亮，移出零点后灯灭。

从左至右分别为：快速灯、单段灯、机床锁、辅助锁、空运行。

注：主轴正/反向、冷却键、润滑键、换刀键，仅在手动方式下起作用。

当没有冷却液或润滑液输出时，按下冷却键或润滑，输出相应的点。当有冷却液或润滑液输出时，按下冷却键或润滑键，关闭相应的点。主轴正转/反转时，按下反转/正转键时主轴也停止，但显示会出现报警 06：M03、M04 码指定错。在换刀过程中，换刀键无效，按复位键（RESET）或急停可关闭刀架正/反转输出，并停止换刀过程。

在手动方式启动后，改变操作方式时，输出保持不变。但可通过自动方式下执行相应的 M 代码关闭对应的输出。

同样，在自动方式执行相应的M代码输出后，也可在手动方式下按相应的键关闭相应的输出。

在主轴正转/反转时，未执行M05而直接执行M04/M03时，M04/M03无效，主轴继续保持正转或反转，但显示会出现报警06：M03、M04码指定错。

复位时，对M08、M32、M03、M04输出点是否有影响取决于参数（P009 RSJG）。

急停时，关闭主轴，冷却，润滑，换刀输出。

模块五　程　序　运　行

一、自动运行的程序要求

在程序运行之前，需要了解程序的基本情况。在机床的存储器中，可能会有多个程序，首先要确定所选择的程序是否是我们想要执行的程序，其次要确认此程序必须无指令语法上的错误、无参数设定上的错误，最后确认程序的结构是否完整，避免出现无结束语等情况的发生。

二、自动运行的启动

自动运行的程序一般已事先存入到存储器内的程序，如果找到了你想要执行的程序，并已调出，检查无误，那么下面的自动运行操作就简单了。

（1）选择自动方式。

（2）选择要自动运行的程序。

（3）按操作面板上的循环启动按钮。

三、自动运行的停止

使自动运转停止的方法有两种：一是用程序事先在要停止的地方输入停止命令，二是按操作面板上的按钮使它停止。

1. 程序停（M00）

含有M00的程序段执行后，停止自动运转，与单程序段停止相同，模态信息全部被保存起来。用CNC启动，能再次开始自动运转。

2. 程序结束（M30）

（1）表示主程序结束。

（2）停止自动运转，变成复位状态。

（3）返回到程序的起点。

注： 程序结束也可用M02指令，M02与M30功能相近，只是M30是在程序执行完毕后不返回程序起点。

3. 进给保持

在自动运转中，按操作板上的进给保持键可以使自动运转暂时停止。

按进给保持按钮后，机床呈下列状态：

（1）机床在移动时，进给减速停止。

（2）在执行暂停中，休止暂停。

（3）执行 M、S、T 的动作后，停止。

按自动循环启动键后，程序继续执行。

4. 复位

复位键，用 LCD/MDI 上的复位键使自动运转结束，变成复位状态。在运动中如果进行复位，则机械减速停止。

四、从程序中间执行自动运行

从程序中间执行是我们在实际加工中经常会遇到的问题，有时是为了修正程序，有时是为了修改参数，有时还可能是我们在程序中有意加入的暂停（M00）。其实从程序中间执行很简单：

（1）选择编辑方式，进入程序。

（2）把光标移动到想要执行的程序段的行首位置。

（3）进入自动方式。

（4）按操作面板上的循环启动按钮。

在这里要特别注意，要从程序中间执行的程序段要合理，必须保证主轴的转动及合理的刀具轨迹。

五、自动执行状态下的倍率调整

在程序执行的状态下，可以根据自己的需要对进给、快速、主轴转速进行控制调整，这样做能更好地控制工件的加工。

1. 进给速度倍率

用进给速度倍率开关可以由程序指定进给速度倍率。

进给速度倍率按键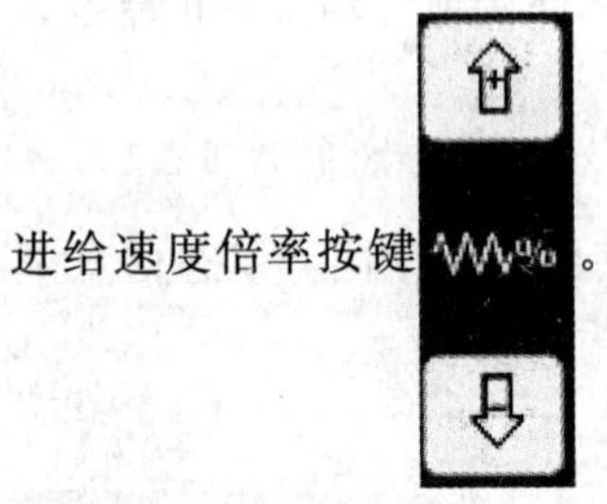。

具有 0～150％的倍率。

注：进给速度倍率开关与手动连续进给速度开关通用。

2. 快速进给倍率

快速进给倍率选择键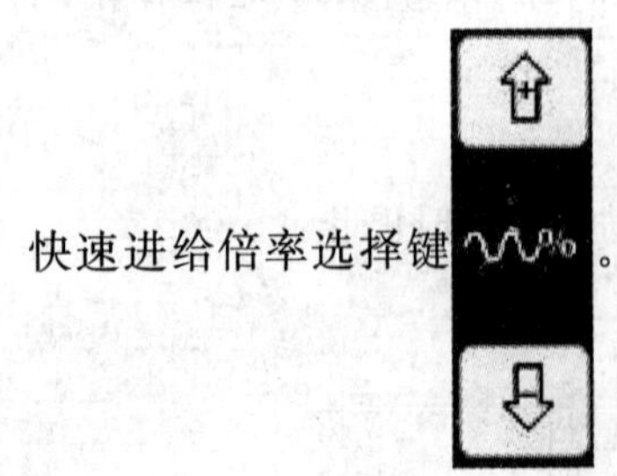。

快速倍率有 F0、25%、50%、100%四挡。

可对下面的快速进给速度进行 100%、50%、25% F0 的倍率调整。

(1) G00 快速进给。

(2) 固定循环中的快速进给。

(3) G28 时的快速进给。

(4) 手动快速进给。

(5) 手动返回参考点的快速进给。

当快速进给速度为 6m/min 时，如果倍率为 50%，则速度为 3m/min。

3. 主轴倍率调整

主轴倍率调整开关 ，可以调控机床的主轴转数。

主轴倍率分为 50%、60%、70%、80%、90%、100%、110%、120%八档。

当进行主轴倍率调整时，主轴是加速度或减速度地进行调整，直到想要调整的转速，后主轴转速稳定。

注：相应倍率变化在屏幕左下角显示。

六、与自动执行有关的运行状态

1. 机床锁住

机床锁住开关为 ON 时，机床不移动，但位置坐标的显示和机床运动时一样，并且 M、S、T 都能执行。此功能用于程序校验。

按一次此键，同带自锁的按钮，进行“开→关→开……”切换，当为“开”时，指示灯亮，关时指示灯灭。机床锁指示灯为。

2. 辅助功能锁住

如果机床操作面板上的辅助功能锁住开关置于 ON 位置，M、S、T 代码指令不执行，与机床锁住功能一起用于程序校验。

注：M00、M30、M98、M99 按常规执行。

3. 空运转

当空运转开关为 ON 时，不管程序中如何指定进给速度，都以表 1-5-1 所引的速度运动。

4. 单程序段

当单程序段开关置于 ON 时，单程序段灯亮，执行程序的一个程序段后停止。

表 1-5-1　　空运行的运动速度

	程序指令	
	快速进给	切削进给
手动快速进给按钮 ON（开）	快速进给	JOG 进给最高速度
手动快速进给按钮 OFF（关）	JOG 进给速度或快速进给	JOG 进给速度

如果再按循环启动按钮，则执行完下一个程序段后停止。

注：在 G28 中，即使是中间点，也进行单程序段停止；在单程序段为 ON 时，执行固定循环 G90，G92，G94，G70～G75 时，如下述情况：（……→快速进给，→切削进给）；M98 P_；M99；及 G65 的程序段不能单程序段停止，但 M98、M99 程序段中，除 N、O、P 以外还有其他地址时，能让单程序段停止。

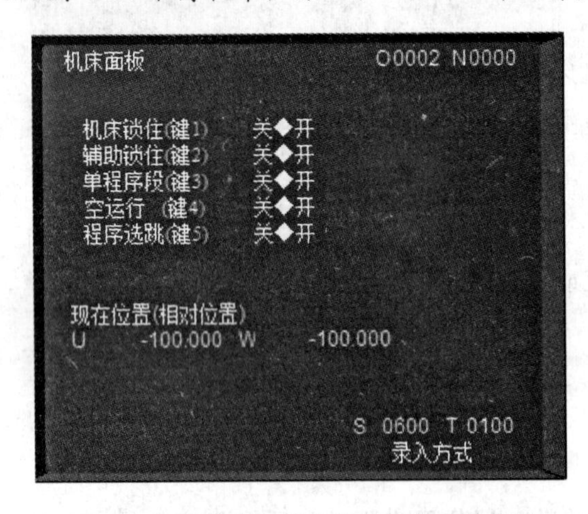

图 1-5-1　在软面板上进行程序选跳运行

5. 程序段选跳

自动操作方式下，程序段选跳功能对操作者非常方便。当选跳开关打开时，程序段首有“/”号的程序段跳过，不运行；当选跳开关关闭时，程序段首有“/”号的程序段不被跳过，照常执行。打开程序选跳有以下两种方法：

方法 1：直接按跳段键，键上指示灯亮，表示已进入跳段状态。

方法 2：按诊断键，进入机床软面板页面，如图 1-5-1 所示，按数字键 5，使程序选跳开关处于开状态。

模块六　安　全　操　作

在实际生产中我们大家要时刻注重生产安全的重要性，时刻保持头脑清醒，培养“安全重于一切”的理念。下面主要介绍机床安全操作的按钮与操作。

一、急停

按下急停按钮（图 1-6-1），使机床移动立即停止，并且所有的输出如主轴的转动、冷却液等也全部关闭。旋转按钮后解除，但所有的输出都需要重新启动。

图 1-6-1　紧急停止按钮

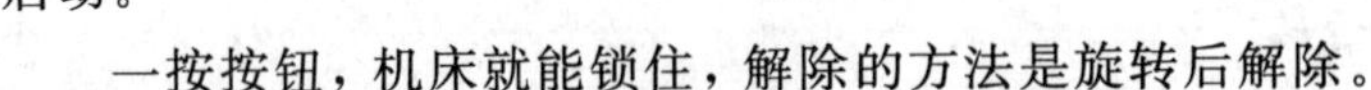
一按按钮，机床就能锁住，解除的方法是旋转后解除。

二、超程

如果刀具进入了由参数规定的禁止区域（存储行程极限），则显示超程报警，刀具减速后停止。此时用手动把刀具向安全方向移动，按复位按钮，解除报警。具体的范围请参照机床厂家发行的说明书。

三、报警处理

当出现异常运转时，请确认以下各项内容：

（1）当液晶屏幕显示报警时，请参照附录“报警代码一览表”确定故障原因。如果显示 PS□□□，是关于程序或者设定数据方面的错误，请修改程序或者修改设定的数据。

（2）在液晶屏幕上没显示报警代码时，可根据液晶屏幕的显示知道系统运行到何处和处理的内容，请参照“CNC 的状态显示”。

项目二 数控车床编程

模块一 编 程 基 础

在正式学习数控车床编程之前，需要对数控车床编程中的一些知识进行学习，这些知识点是指令学习的基础，为后面的学习做准备。

一、坐标系与运动

基本上所有的数控设备在编写程序时都要建立坐标系，从而确定工件或刀具的运动方向。

1. 数控车床的坐标系与运动方向的规定

（1）永远假定工件静止，刀具相对于工件移动。

（2）坐标系采用右手笛卡儿直角坐标系。如图2-1-1所示，大拇指的方向为 X 轴的正方向，食指指向为 Y 轴的正方向，中指指向为 Z 轴的正方向。在确定了 X、Y、Z 坐标的基础上，根据右手螺旋法则，可以很方便地确定出 A、B、C 三个旋转坐标的方向。

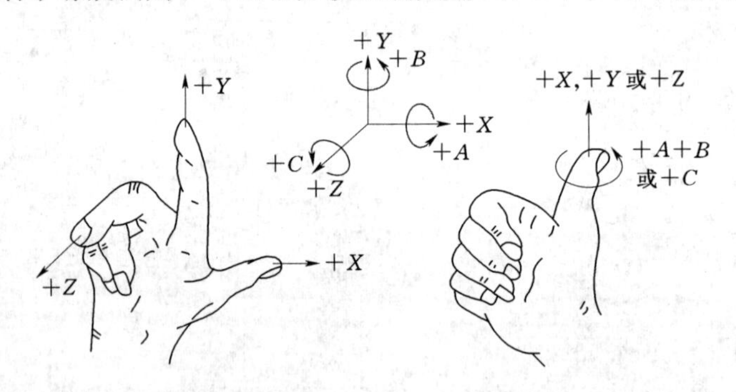

图2-1-1 右手笛卡儿直角坐标系

（3）规定 Z 坐标的运动由传递切削动力的主轴决定，与主轴轴线平行的坐标轴即为 Z 轴，X 轴为水平方向，平行于工件装夹面并与 Z 轴垂直。

（4）规定以刀具远离工件的方向为坐标轴的正方向。

依据以上原则，当车床为前置刀架时，X 轴正向向前，指向操作者，如图2-1-2所示；当机床为后置刀架时，X 轴正向向后，背离操作者，如图2-1-3所示。

2. 机床原点

机床原点是指在机床上设置的一个固定点，即机床坐标系的原点。它在机床装配、调试时就已确定下来，是数控机床进行加工运动的基准参考点。在数控车床上，机床原点一

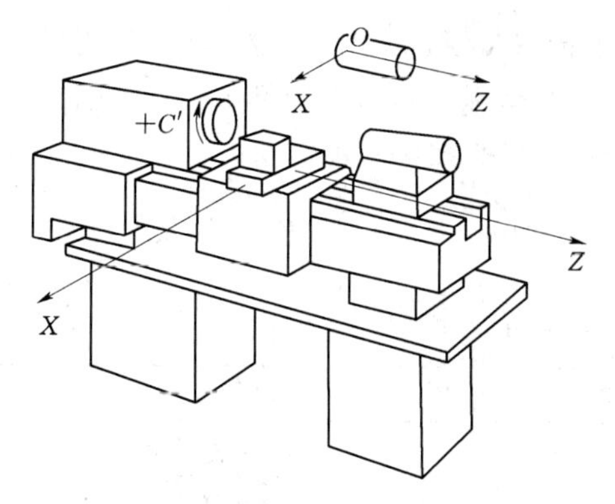

图 2-1-2　水平床身前置刀架式数控车床的坐标系

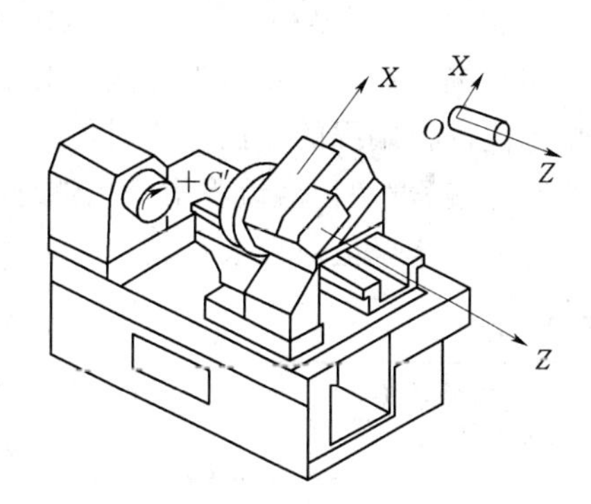

图 2-1-3　倾斜床身后置刀架式数控车床的坐标系

般取在卡盘端面与主轴中心线的交点处。同时，通过设置参数的方法，也可将机床原点设定在 X、Z 坐标的正方向极限位置上。

3. 机床参考点

机床参考点是用于对机床运动进行检测和控制的固定位置点。机床参考点的位置是由机床制造厂家在每个进给轴上用限位开关精确调整好的，坐标值已输入数控系统中。因此参考点对机床原点的坐标是一个已知数。在数控车床上机床参考点是离机床原点最远的极限点。如图 2-1-4 所示为数控车床的参考点与机床原点。机床原点是指机床坐标系的原点，是机床上的一个固定点，它是机床调试和加工时的基准点，是唯一的。

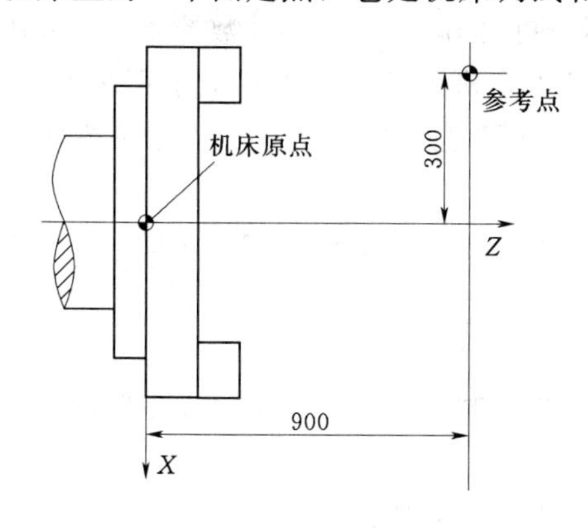

图 2-1-4　机床坐标

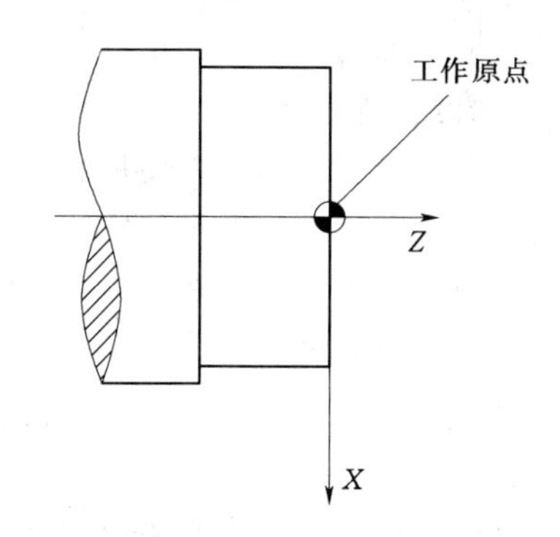

图 2-1-5　工件原点

数控装置上电时并不知道机床零点，为了正确地在机床工作时建立机床坐标系，通常在每个坐标轴的移动范围内设置一个机床参考点（测量起点），机床启动时，通常要进行自动或手动回参考点，以建立机床坐标系和激活参数，刀具（或工作台）移动才有基准。

4. 工件原点

在正常的加工中，我们并不是以机床原点来进行坐标编程的，这时都会建立工件原点。工件原点是指加工程序的零点位置，一般也是工件的对刀点。有了工件原点，编程会更加方便，更加灵活，如图 2-1-5 所示。

二、绝对坐标与相对坐标

在数控程序编制时主要用到的就是工件坐标系，在这个坐标系中，系统可用绝对坐标

（X、Z字段）、相对坐标（U、W字段）或混合坐标（X/Z，U/W字段，绝对和相对坐标同时使用）进行编程。相对坐标是相对于当前位置的坐标。绝对坐标是用轴移动的终点位置的坐标值进行编程的方法。相对值指令是用轴移动量直接编程的方法。

绝对值编程/增量值编程指令用地址字区别。

绝对值与增量值对照表见表2-1-1。

表2-1-1　　绝对值与增量值对照表

绝对值指令	增量值指令	备　注
X	U	X轴移动指令
Z	W	Z轴移动指令

例：X______ W______；

X：绝对值指令（X轴移动指令）。

W：增量值指令（Z轴移动指令）。

这里要注意，相对坐标编程，地址字U、W的数值是带有正负的，可代表运动的方向，如果为正值时，可省略。

注：绝对值指令和增量值指令在一个程序段内可以混用；当X和U或者W和Z在一个程序段中混合使用时，后面指令值有效。

三、直径与半径编程

直径与半径编程，这是数控车床编程中特有的问题。绝大多数数控系统都采用直径编程。这主要是考虑到加工时测量方便。但也可以在机床数据中设置成半径编程，设置后，X轴的指令值按半径输入。当然，此时X轴的坐标也是以半径显示。这种情况使用不太方便，因此比较少见，不推荐使用。

用直径值指定时称为直径指定，用半径值指定时称为半径指定。如果选择了半径编程功能（参数001BIT2＝1），则用半径指定编程。

四、数控编程的种类

数控加工程序的编制方法主要有两种：手工编制程序和计算机自动编制程序。

1. 手工编制程序

手工编程是指主要由人工来完成数控编程中各个阶段的工作。

一般对几何形状不太复杂的零件，所需要的加工程序不长，计算比较简单，用手工编程比较合适。

手工编程的特点：耗费时间较长，容易出现错误，无法胜任复杂形状零件的编程。据国外资料统计，当采用手工编程时，一段程序的编写时间与其在机床上运行加工的实际时间之比，平均约为30∶1，而数控机床不能开动的原因中有20%～30%是由于加工程序编制困难，编程时间较长。

2. 计算机自动编制程序

自动编程是指在编程过程中，除了分析零件图样和制定工艺方案由人工进行外，其余工作均由计算机辅助完成。

采用计算机自动编程时，数学处理、编写程序、检验程序等工作是由计算机自动完成

的，由于计算机可自动绘制出刀具运动轨迹，使编程人员可及时检查程序是否正确，需要时可及时修改，以获得正确的程序。又由于计算机自动编程代替程序编制人员完成了繁琐的数值计算，可提高编程效率几十倍乃至上百倍，因此解决了手工编程无法解决的许多复杂零件的编程难题。因而，自动编程的特点就在于编程工作效率高，可解决复杂形状零件的编程难题。

根据输入方式的不同，可将自动编程分为图形数控自动编程、语言数控自动编程等。图形数控自动编程是指将零件的图形信息直接输入计算机，通过自动编程软件的处理得到数控加工程序。目前，图形数控自动编程是使用最为广泛的自动编程方式。语言数控自动编程是指将加工零件的几何尺寸、工艺要求、切削参数及辅助信息等用数控语言编写成源程序后输入到计算机中，再由计算机进一步处理得到零件加工程序。

五、程序的组成

一个完整的程序，一般由程序名、程序主体和程序结束指令三部分组成。

1. 程序名

GSK980 系统程序名是 O××××。××××是四位正整数，范围为 0000～9999，如 O2255。程序名一般要求单列一段且不需要段号。

2. 程序主体

程序主体是由若干个程序段组成的，表示数控机床要完成的全部动作。每个程序段由一个或多个指令构成，每个程序段一般占一行，用“;”作为每个程序段的结束代码。

3. 程序结束指令

程序结束指令也叫程序结束语，是一段程序的结尾用指令，一般可用 M02 与 M30，两者的区别很小，都是程序结束，但 M30 有一个程序指针返回程序头的功能，在批量生产中比较实用。

六、程序段的组成

程序段是组成程序的主要单元，我们的加工程序就是由若干个程序段组成的，现在最常用的是可变程序段格式。每个程序段由若干个地址字构成，而地址字又由表示地址字的英文字母、特殊文字和数字构成，见表 2－1－2。

表 2－1－2　　程序段格式

1	2	3	4	5	6	7	8	9	10
N	G	X U	Y V	Z W	I　J　K R	F	S	T	M
程序段号	准备功能	坐标尺寸字				进给功能	主轴功能	刀具功能	辅助功能

1. 准备功能（G 功能）

准备功能也叫 G 功能，由 G 代码及后接 2 位数表示，规定其所在的程序段的意义。G 代码有两种类型，见表 2－1－3。

表 2－1－3　　模态与非模态

种　　类	意　　义
非模态 G 代码	只在被指令的程序段有效
模态 G 代码	在同组其他 G 代码指令前一直有效

GSK980 系统 G 代码表见表 2-1-4。

表 2-1-4　　GSK980 系统 G 代码表

G 代码	组　别	功　能
* G00	01	定位（快速移动）
G01		直线插补（切削进给）
G02		圆弧插补 CW（顺时针）
G03		圆弧插补 CCW（逆时针）
G04	00	暂停，准停
G28		返回参考点（机械原点）
G32	01	螺纹切削
G50	00	坐标系设定
G65		宏程序命令
G70		精加工循环
G71		外圆粗车循环
G72		端面粗车循环
G73		封闭切削循环
G74		端面深孔加工循环
G75		外圆，内圆切槽循环
G76		复合型螺丝切削循环
G90	01	外圆，内圆车削循环
G92		螺纹切削循环
G94		端面切削循环
G96	02	恒线速开
* G97		恒线速关
* G98	03	每分进给
G99		每转进给

注　带有 * 记号的 G 代码，当电源接通时，系统处于这个 G 代码的状态；00 组的 G 代码是一次性 G 代码；如果使用了 G 代码一览表中未列出的 G 代码，则出现报警（NO. 010），或指令了不具有的选择功能的 G 代码，也报警；在同一个程序段中可以指令几个不同组的 G 代码，如果在同一个程序段中指令了两个以上的同组 G 代码时，后一个 G 代码有效；在恒线速控制下，可设定主轴最大转速（G50）；G 代码分别用各组号表示；G02，G03 的顺逆方向由坐标系方向决定。

2. 辅助功能（M 功能）

辅助功能也叫 M 功能，一般起一些辅助性作用，不直接参与工件加工。M 代码在一个程序段中只允许一个有效，M 代码信号为电平输出，保持信号。

M 代码：

M03：主轴正转。

M04：主轴反转。

M05：主轴停止。

M08：冷却液开。

M09：冷却液关（不输出信号）。

M10：尾座进。

M11：尾座退。

M12：卡盘夹紧。

M13：卡盘松开。

M32 ：润滑开。

M33 ：润滑关（不输出信号）。

M00 ：程序暂停，按“循环启动”程序继续执行。

M30 ：程序结束，程序返回开始。

M41～M44：主轴自动换挡机能。

注：当在程序中指定了上述以外的M代码时，系统将产生以下报警并停止执行。

01：M代码错。

注：M、S、T启动后，即使方式改变，也仍然保持，可按RESET键关闭（由参数009BIT3设置是否有效）。

下面的M代码规定了特殊的使用意义。

（1）M30、M02（程序结束）。

1）表示主程序结束。

2）停止自动运转，处于复位状态。

3）M30使程序指针返回到主程序开头，M02程序指针不变。

4）加工件数加1。

（2）M00：程序停。

当执行了M00的程序段后，停止自动运转。与单程序段停同样，把其前面的模态信息全部保存起来。CNC开始运转后，再开始自动运转。

（3）M98/M99（调用子程序/子程序返回）。

用于调用子程序，或程序结尾为M99时程序可重复执行。详细情况请参照子程序控制一节。

注：M00，M30的下一个程序段即使存在，也不存进缓冲存储器中去；执行M98和M99时，代码信号不送出。

3. 刀具功能（T功能）

刀具功能也叫T功能，用地址T及其后面2位数来选择机床上的刀具。在一个程序段中，可以指令一个T代码。移动指令和T代码在同一程序段中指令时，移动指令和T代码同时开始。

用T代码后面的数值指令进行刀具选择。其数值的后两位用于指定刀具补偿的补偿号。

T ○○□□

○○：刀具选择号。

□□：刀具偏置号。

(1) 刀具选择。刀具选择是通过指定与刀具号相对应的T代码来实现的。

关于刀具选择号与刀具的关系请参照机床制造商发行的手册。

(2) 刀具偏置号。用于选择与偏置号相对应的偏置值。偏置值必须通过键盘单元输入。相应的偏置号有两个偏置量，一个用于 X 轴，另一个用于 Z 轴见表2-1-5。

表2-1-5　　刀具偏置表

偏置号	偏置量	
	X 轴的偏置量	Z 轴的偏置量
01	0.040	0.020
02	0.060	0.030
03	0	0
⋮	⋮	⋮

当指定了T代码且它的偏置号不是00时刀具偏置有效。

如果偏置号是00，则刀具偏置功能被取消。

偏置值可设定的范围如下：

毫米输入：0～ 999.999mm。

4. 主轴功能（S功能）

主轴功能也叫S功能，通过地址S和其后面的数值把代码信号送给机床，用于机床的主轴控制。在一个程序段中可以指令一个S代码。

关于可以指令S代码的位数以及如何使用S代码等请参照机床制造厂家的说明书。

当移动指令和S代码在同一程序段时，移动指令和S功能指令同时开始执行。

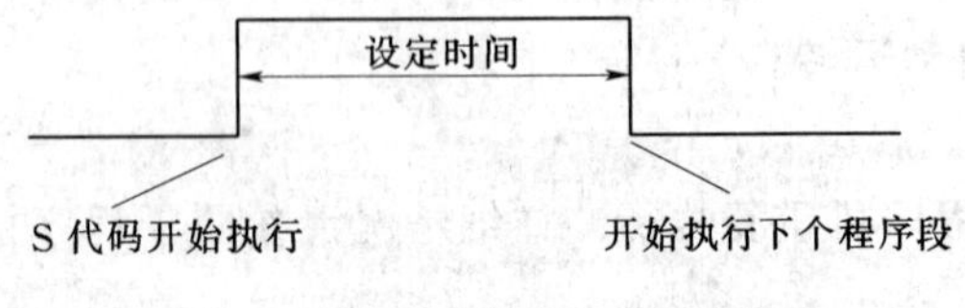

图2-1-6　S代码执行示意图

(1) S两位数。用地址S和其后面的两位数控制主轴转速。

系统可提供4级主轴机械换挡。当没有选择模拟主轴机能时，S代码与主轴的转速的对应关系及机床提供几级主轴变速请参照机床制造厂家的说明书。

S1～S4

S代码的执行时间可由诊断号NO.081设定，如图2-1-6所示。

设定值：0～255 (128ms～32.640s)。

设定时间=设定值×128ms。

注： 当在程序中指定了上述以外的S代码时，系统将产生报警（02：S代码错）并停止执行；在S两位数时，若指令S四位数，则后两位数有效。

(2) S四位数（选择机能）。

用地址S和其后面的四位数值（参数号001BIT4=1），直接指令主轴的转数（r/min），根据不同的机床厂家转数的单位也往往不同。

5. 进给功能（F功能）

进给功能也叫F功能，此功能是为了切削零件、控制进给速度，进给速度用数值指定。一般的数控车床都有两种不同单位的进给速度：每分钟进给量（G98控制）和每转进给量（G99控制），具体用哪一种进给速度，一般由操作者在程序开头指定。例如，以150mm/min进给时，程序指令为：F150.0。

6. 说明

（1）N××为程序段号，由地址符N和后面的若干位数字表示。在大部分系统中，程序段号仅作为“跳转”或“程序检索”的目标位置指示。因此，它的大小及次序可以颠倒，也可以省略。程序段在存储器内以输入的先后顺序排列，而程序的执行是严格按信息在存储器内的先后顺序逐段执行，也就是说，执行的先后次序与程序段号无关。但是，当程序段号省略时，该程序段将不能作为“跳转”或“程序检索”的目标程序段。

（2）程序段的中间部分是程序段的内容，主要包括准备功能字、尺寸功能字、进给功能字、主轴功能字、刀具功能字、辅助功能字等。但并不是所有程序段都必须包含这些功能字，有时一个程序段内可仅含有其中一个或几个功能字，如下列程序段都是正确的程序段。

N10 G01 X100.0 F100；

N80 M05；

（3）程序段号也可以由数控系统自动生成，程序段号的递增量可以通过“机床参数”进行设置，一般可设定增量值为10，以便在修改程序时方便进行“插入”操作。

模块二 简单轴面的车削

终于讲到编程了，从此模块开始，就正式介入程序进行学习。

先来说两个数控编程中最简单、最常用的指令：G00和G01。

（1）快速定位G00。

指令格式：G00 X(U)_ Z(W)_；

指令功能：X轴、Z轴同时从起点以各自的快速移动速度移动到终点。

指令轨迹图：刀具从A点快速移动到B点，如图2-2-1所示。

指令说明：G00为初态指令。

$X(U)$、$Z(W)$ 终点位置，取值范围为－9999.999～＋9999.999mm。实际取值要在机床行程范围内。

$X(U)$、$Z(W)$ 可省略一个或全部，省略时表示该轴的起点和终点坐标值一致。

X与U、Z与W在同一程序段时X、Z有效，U、W无效。

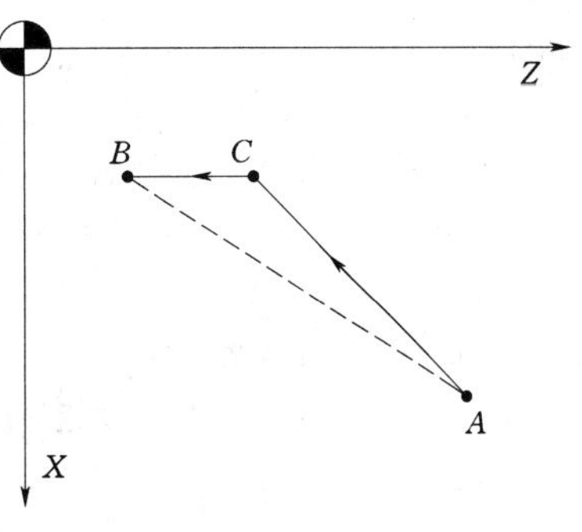

图2-2-1 G00指令轨迹

(2) 直线插补 G01。

指令格式：G01 X(U)________ Z(W)________ F ________；

指令功能：运动轨迹为从起点到终点的一条直线。

指令轨迹图：如图 2-2-2 所示。

指令说明：G01 为模态指令。

X(*U*)、*Z*(*W*) 终点位置，取值范围为－9999.999～＋9999.999mm。实际取值要在行程范围内。

X(*U*)、*Z*(*W*) 可省略一个或全部，省略时表示该轴的起点和终点坐标值一致。

F 指令值为 *X* 轴方向和 *Z* 轴方向的瞬时速度的矢量合成速度。

F 指令值也是模态指令，执行后此值一直保持，直到新的 F 指令值被执行。

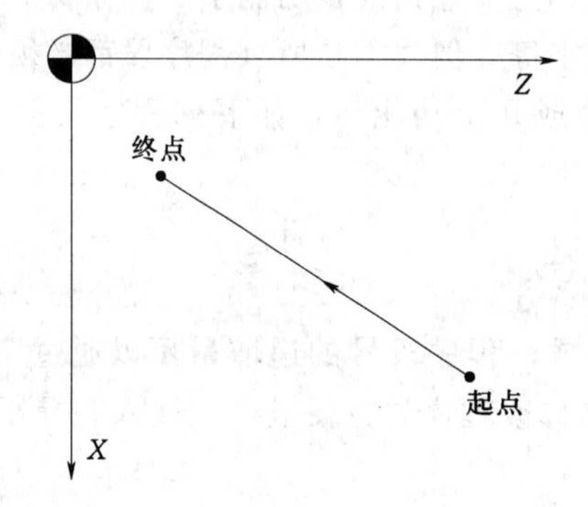

图 2-2-2　G01 插补轨迹

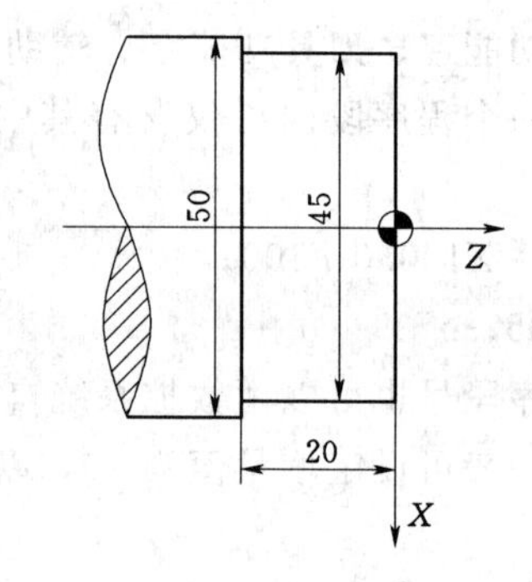

图 2-2-3　工件图 (1)

一、台阶轴的车削

台阶轴是车床所能加工零件的最普通工件，在实际生活生产中最为常见，它也是我们进行数控编程学习的起点。

如图 2-2-3 所示，有毛坯为 ϕ50mm，现在其一端车削一段 ϕ45mm，长度为 20mm 的台阶轴，使用 1 号刀位上的外圆车刀，使用 1 号刀具偏置。

```
O0001
G98M03S600T0101   ；G98 为分钟进给，M03 为主轴正转，S600 为主轴 600r/min，T0101 为使用 1 号刀位上的刀具，
                    并使用 1 号刀具偏置
G00X45Z2          ；把刀具运动到切削起点
G01Z-20F100       ；以 ϕ45mm 为直径进行车削，长度为 20mm
G00X100Z100       ；退刀
M05               ；主轴停
M30               ；程序结束，并返回程序头
```

程序就是这么简单，只要跟着学，没有不会的，下面来解析一下加工的轨迹，如图 2-2-4所示。

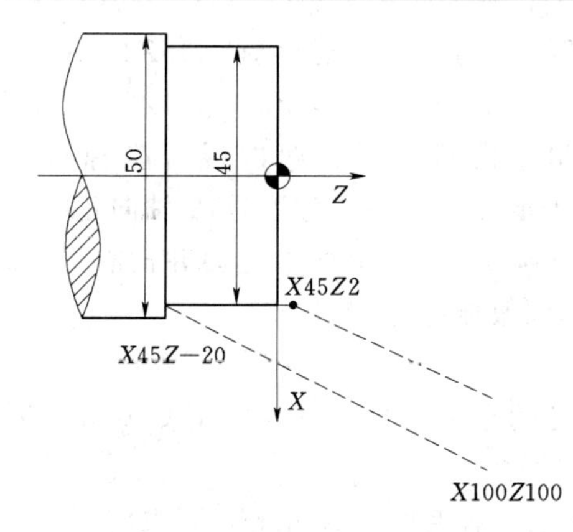

－－－代表 G00 指令运动，——代表 G01 指令运动

图 2－2－4 工件加工解析图（1）

首先是把刀具运动到接近工件的削切起点上（X45Z2），然后进行车削，车削到 X45Z－20，最后退刀，退至 X100Z100。在这里解释一下，在程序的第 4 行（G01Z－20F100）程序段中，我们省略了 X 地址，因为在这个程序段执行中，只有 Z 轴参加了运动，X 轴没有发生运动，这种情况 X 地址是可以省略的。以后的程序中如果有相同的情况也可以省略，这样可以减少手工编程人员的工作量。

上面的工件是一个很简单的单台阶工件，下面再举一个多台阶的工件，希望大家加深了解。

工件如图 2－2－5 所示，有毛坯为 ϕ50mm 要求使用 1 号刀位上的外圆车刀，使用 1 号刀具偏置。

```
O0002
G98M03S600T0101
G00X45Z2
G01Z－20F100
G00U2Z2      ；混合坐标，退刀
X40          ；重定刀
G01Z－10
G00U2Z2      ；混合坐标，退刀
X35          ；重定刀
G01Z－5
G00X100Z100；退刀
M05
M30
```

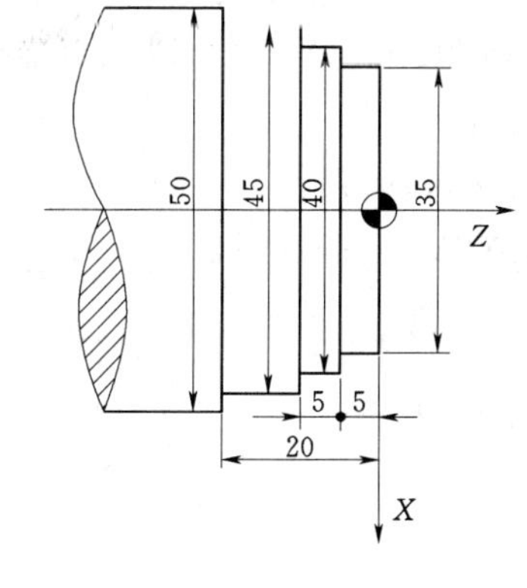

图 2－2－5 工件图（2）

看起来有点乱，别着急，还是用图形的方式来解析一下程序，如图 2－2－6 所示。

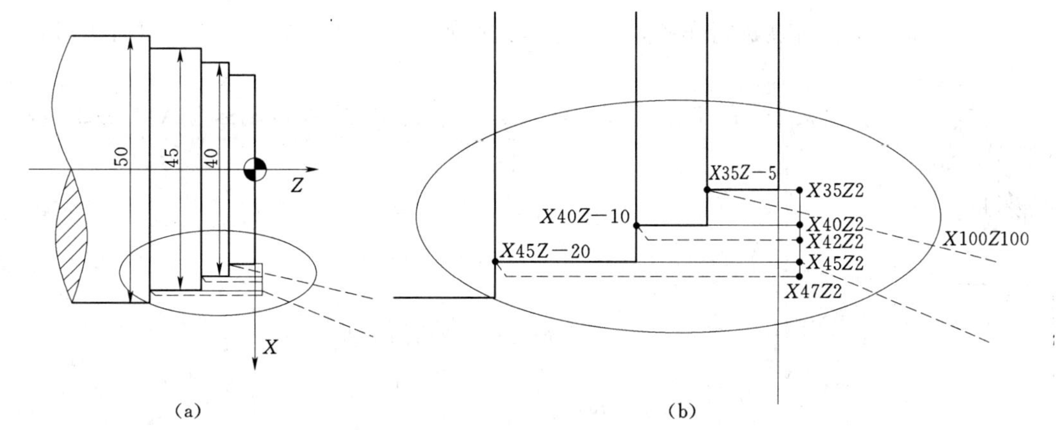

图 2－2－6 工件加工解析图（2）

刀具的运动轨迹是从程序开始前的定刀点开始运动，先后运动到 X45Z2、X45Z－20、X47Z2、X40Z2、X40Z－10、X42Z2、X35Z2、X35Z－5、X100Z100。在这里，我们用到了两次混合坐标编程"U2Z2"，这两次都是用于退刀，代表的意思是 X 轴向正方向运动两个单位，Z 轴运动到 2，实际上两次退刀并没有退远，这是要为下一刀的继续车削做准备。

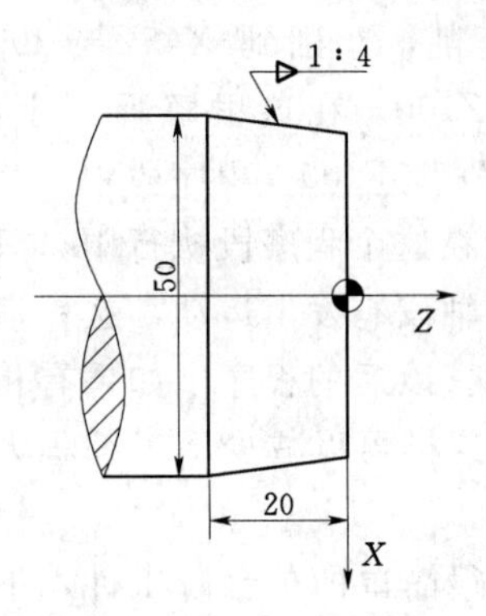

图 2-2-7 工件图（3）

二、锥体的车削

锥体是在车床上常见的车削工件，下面使用 G00 和 G01 对锥体进行车削加工。

工件如图 2-2-7 所示，有毛坯为 ϕ50mm，要求使用 1 号刀位上的外圆车刀，使用 1 号刀具偏置。

此工件有两种下刀方法：一种非常简单，是使刀具靠近并接触工件再进行车削，如图 2-2-8 所示。

经过对锥体的计算，得出锥体小端直径为 45mm，所以得出，A：X45Z2、B：X45Z0、C：X50Z－20 三点坐标。这种进刀方式的程序如下：

```
O0003
G98M03S600T0101
G00X45Z2      ；到达 A 点
G01Z0F100     ；B 点
X50Z-20       ；C 点
G00X100Z100
M05
M30
```

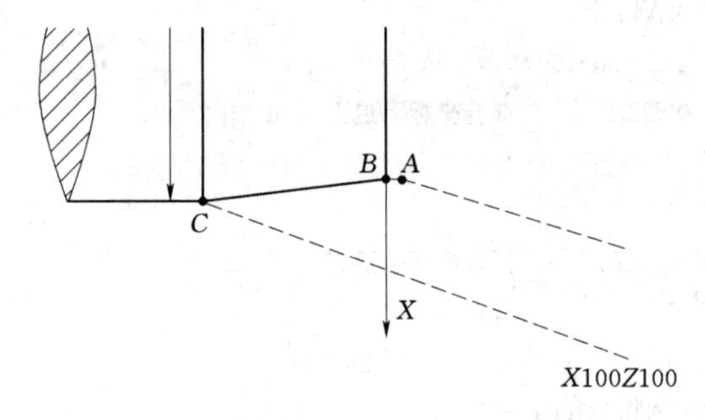

图 2-2-8 工件加工解析图（3）

注：在此程序的第 5 行（X50Z－20）中，没有出现准备功能字 G，这是因为 G01 是模态指令，当第 5 行没有 G 指令时，第 4 行的 G01 对第 5 行的程序段持续有效，也就是说第 5 行相当于 G01 X50Z—20。

另一种是在工件外就进行车削，先对锥体进行延长，在锥体的延长点上进行下刀，如图 2-2-9 所示。

假定我们延长出来 2mm，经过计算，可以得出延长出来的 A 点坐标为 X44.5Z2，程序如下：

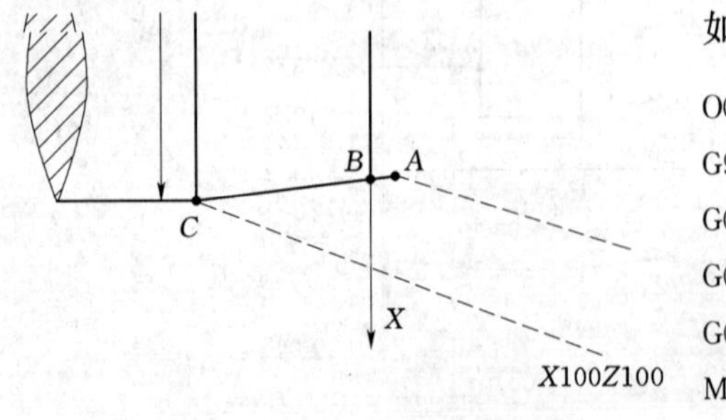

图 2-2-9 工作加工解析图（4）

```
O0004
G98M03S600T0101
G00X44.5Z2     ；到达 A 点
G01X50Z-20     ；C 点
G00X100Z100
M05
M30
```

因为 A 点是锥体延长出来的点，实际上也在锥线上，所以可以从 A 点直接切削到 C 点，可以保证锥度。切削过程中途经过 B 点，但没有停顿，实际 B 点在此程序中无任何运用价值。对于切削锥度较大的锥体现在主要会采用两种切削方法：平行切削和相同终点切削。

1. 平行切削

平行切削如图 2-2-10 所示，每一次的切削路线都是平行于锥体表面的，这种切削方法简单明了，但走空刀的时间太长，加工效率低。

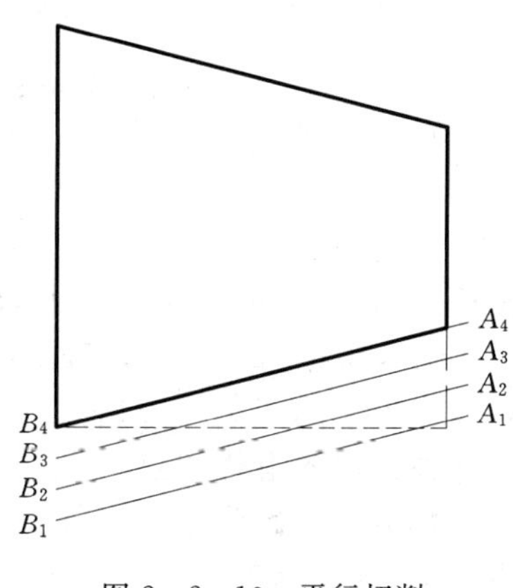

图 2-2-10 平行切削

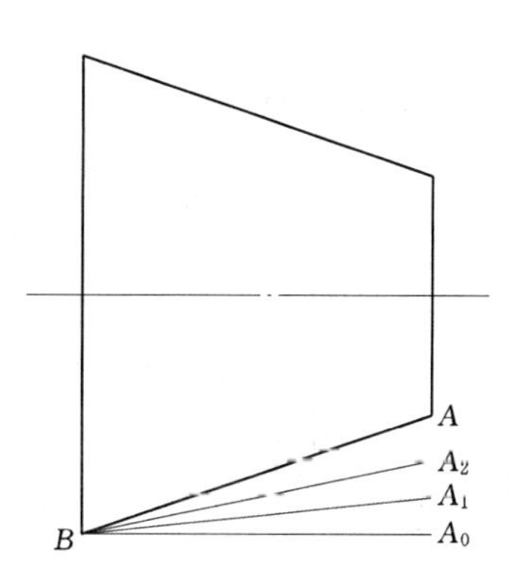

图 2-2-11 相同终点切削

2. 相同终点切削

相同终点切削这种方法是采用不同的切削起点切削到同一终点（锥体的大径），如图 2-2-11 所示，把整个锥体进行分割性切削，每一次的切削起点可以根据刀具、材料及加工者的经验来控制，以达到控制背吃刀量的目的。正是控制并减小了背吃刀量，从而减小了切削抗力，为减少刀具磨损和安全生产等做好保障。

工件如图 2-2-12 所示，有毛坯为 ϕ50mm，要求使用 1 号刀位上的外圆车刀，使用 1 号刀具偏置。

把锥体进行延长，延长距离为 2mm，经过计算，可以得出锥体小端为 39mm，平行切削方式程序如下：

```
O0005
G98M03S600T0101
G00X44Z2
G01X55Z—20
G00Z2
X39
G01X50Z—20
G00X100Z100
M05
M30
```

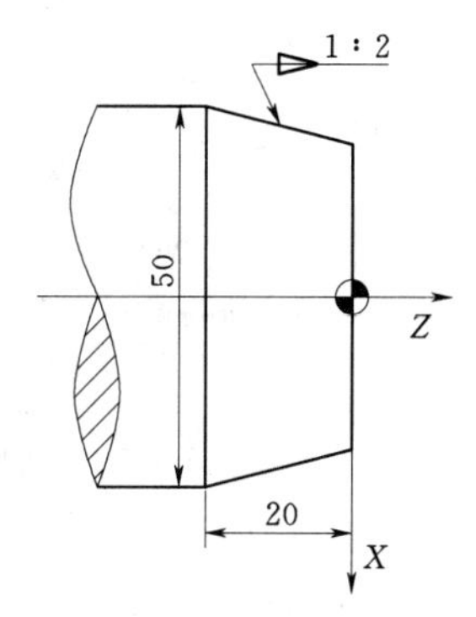

图 2-2-12 工件图（4）

分析如图 2-2-13 所示，刀具轨迹为 A_1：$X44Z2$、B_1：$X55Z-20$、C：$X55Z2$、A：$X39Z2$、B：$X50Z-20$、退刀 $X100Z100$。

运用相同终点切削方法的程序如下：

```
O0006
G98M03S600T0101
G00X44Z2
G01X50Z－20
G00Z2
X39
G01X50Z－20
G00X100Z100
M05
M30
```

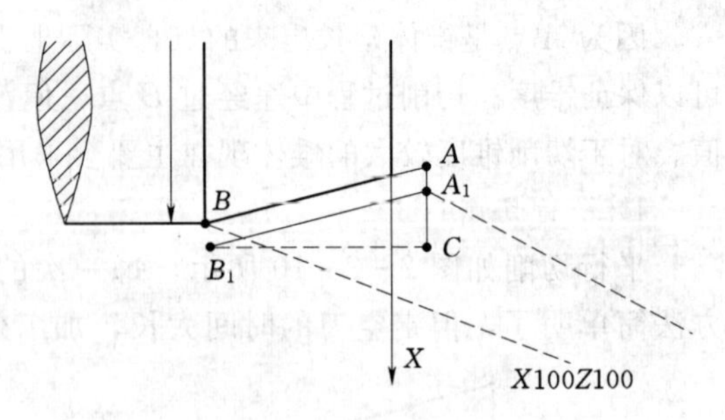

图 2-2-13　工件加工解析图（5）

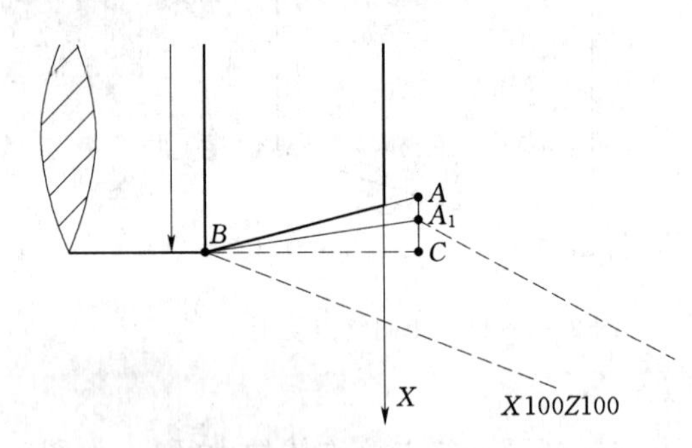

图 2-2-14　工件加工解析图（6）

分析如图 2-2-14 所示，刀具轨迹为 A_1：$X44Z2$、B：$X50Z-20$、C：$X55Z2$、A：$X39Z2$、B：$X50Z-20$、退刀 $X100Z100$。

这两种方法各有优缺点，但本人喜欢用相同终点切削方法，因为下刀的终点相同，可以简化数据量与计算量。

三、倒角的车削

老车工总会说“车工不倒角，手艺没学好”，可见倒角是车床加工中的基础内容。倒角简单来说也是锥体的一种，只不过它比车削锥体要简单得多。常见的倒角有 45°与 30°，下面先说说倒角，生产、工作中有时大家对倒角标识、标注不太清楚，现做如下说明，供大家学习。

倒角标注常用形式有三种，例如以 C2、2×30°、2×45°为例，阐述各种标注的含义。

（1）C 指直倒角，用于两倒角边垂直的情况下，其默认角度为 45°（标注时自动省略），标注为 C2。即在两倒角边垂直的情况下，C2 与 2×45°概念相同，如图 2-2-15 所示。

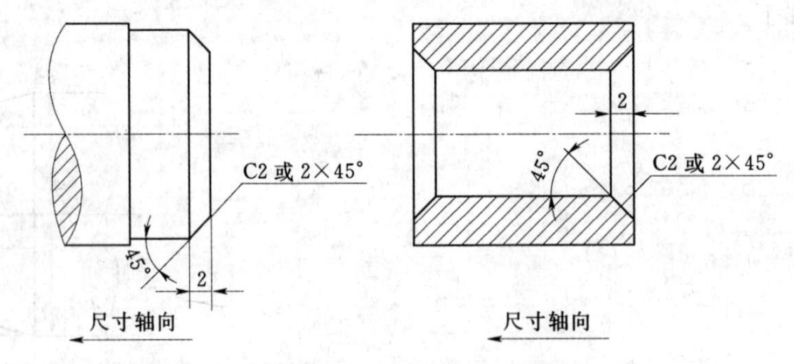

图 2-2-15　C2 与 2×45°倒角

（2）2×30°中，2 指沿尺寸轴向的宽度为 2mm，30°为轴向与倒角边的夹角，如图 2-2-16 所示。

在这里不作太多的解释，还是拿例子来说话。

工件如图 2-2-17 所示，有毛坯为 ϕ50mm，要求使用 1 号刀位上的外圆车刀，使用

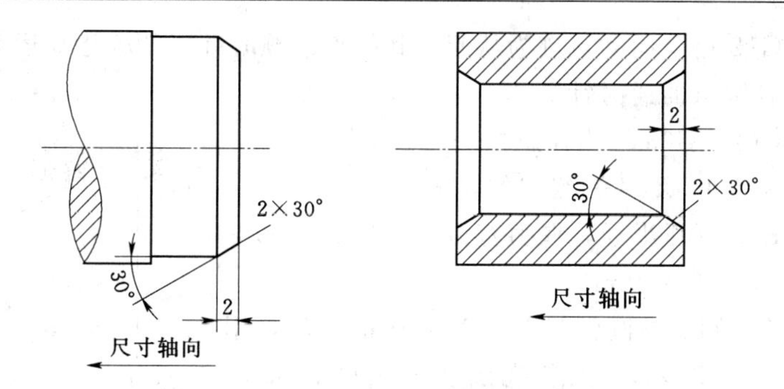

图 2-2-16　2×30°倒角

1 号刀具偏置。

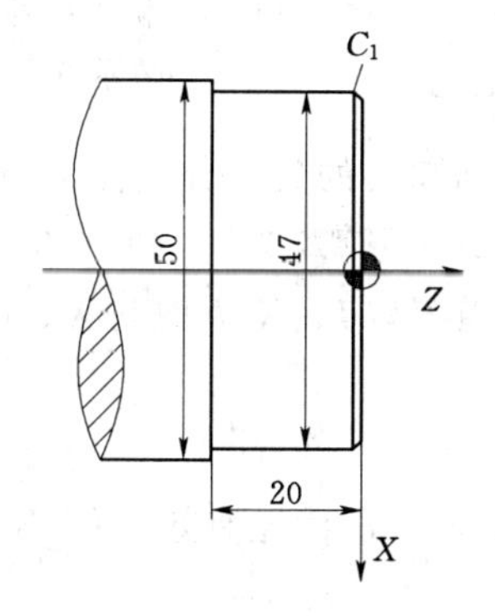

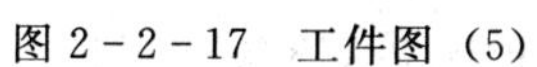
图 2-2-17　工件图（5）

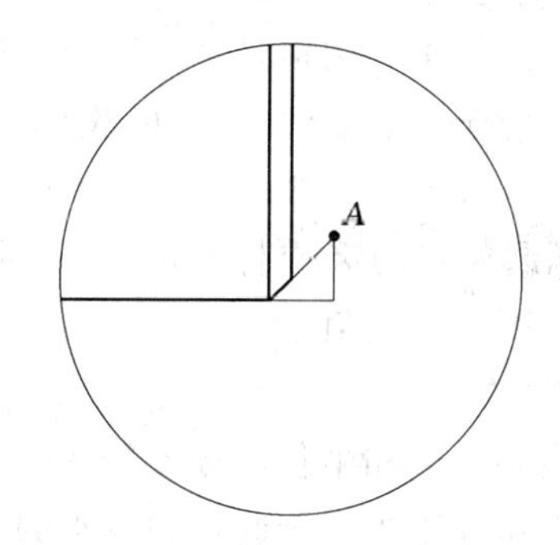

图 2-2-18　工件加工解析图（7）

对倒角进行锥体性的延长，延长 2mm，如图 2-2-18 所示，得出 A 点为 X41Z2。

加工程序如下：

```
O0007
G98M03S600T0101
G00X41Z2
G01X47Z-1
Z-20
G00X100Z100
M05
M30
```

模块三　圆　弧　车　削

圆弧加工是车床加工的重要组成部分，数控车床有两条插补指令用于圆弧加工。

一、圆弧插补 G02、G03

1. 指令格式

G02 X(U)____ Z(W)____ R ____；或 G02 X(U)____ Z(W)____ I ____ K ____；

G03 X(U)____ Z(W)____ R ____；或 G03 X(U)____ Z(W)____ I ____ K ____；

指令功能：G02 指令运动轨迹为从起点到终点的顺时针；G03 指令运动轨迹为从起点到终点的逆时针。

指令说明：G02、G03 均为模态指令。

$X(U)$、$Z(W)$ 终点位置。

R 为圆弧半径，取值范围为－9999.999～＋9999.999mm。

I 为圆心与圆弧起点在 X 方向的差值，用半径表示，取值范围为－9999.999～＋9999.999mm。

K 为圆心与圆弧起点在 Z 方向的差值，取值范围为－9999.999～＋9999.999mm。

圆弧中心用地址 I、K 指定时，其分别对应于 X、Z 轴，I、K 表示从圆弧起点到圆心的矢量分量。

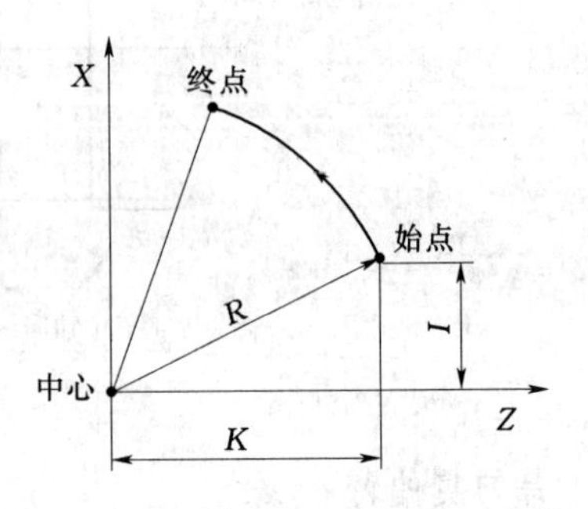

图 2－3－1　圆弧插补 R、I、K 参数示意图

如图 2－3－1 所示，图 2－3－1 中，I＝圆心坐标 X－圆弧起始点的 X 坐标；K＝圆心坐标 Z－圆弧起始点的 Z 坐标；I、K 根据方向带有符号，I、K 方向与 X、Z 轴方向相同，则取正值；否则取负值。

注意事项：

(1) 参数圆心坐标和半径必须要输入一个。同时输入，R 优先有效，I、K 无效。

(2) R 值必须等于或大于起点到终点的一半。

(3) R 可以取负值，代表圆弧大于 180°；R 取正值，代表圆弧小于 180°。

2. 圆弧的判断

一些人把圆弧是顺时针还是逆时针用机床的前置刀架与后置刀架来界定区分，这是错误的。实际上，圆弧是顺是逆，是由坐标系来界定的，所谓顺时针和反时针是指在右手直角坐标系中，对于 ZX 平面，从 Y 轴的正方向往负方向看而言的，如图 2－3－2 所示。

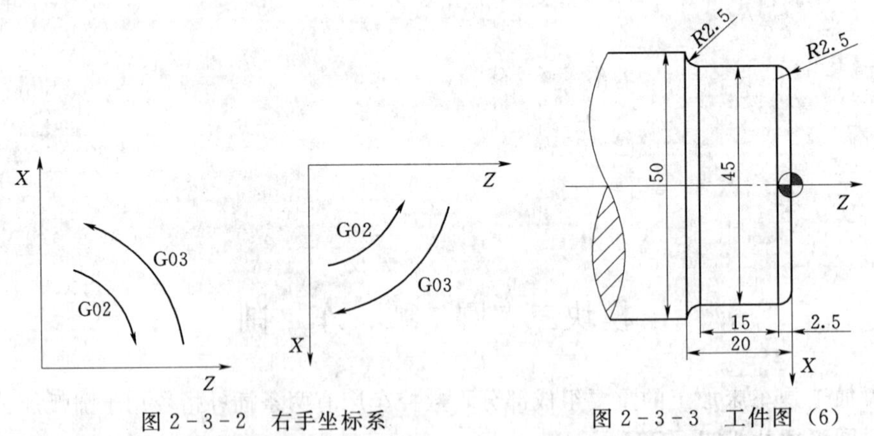

图 2－3－2　右手坐标系　　图 2－3－3　工件图（6）

二、圆弧的车削

工件如图 2－3－3 所示，有毛坯为 ϕ50mm，要求使用 1 号刀位上的外圆车刀，使用 1 号刀具偏置。

```
O0008
G98M03S600T0101
G00X45Z2
G01Z-17.5
G02X50W-2.5R2.5
G00Z2
X40
G01Z0
G03X45Z-2.5R2.5
G00X100Z100
M05
M30
```

分析如图 2-3-4 所示，根据图纸，此程序中的圆弧一共有两个，起点从直径 45 终点到直径 50 的圆弧为顺时针圆弧，应用 G02 指令，另一个圆弧为 G03 指令加工。刀具轨迹为 A：$X45Z2$、B：$X45Z-17.5$、C：$X50Z-20$、D：$X50Z2$、E：$X40Z2$、F：$X40Z0$、G：$X40Z-2.5$、退刀 $X100Z100$。

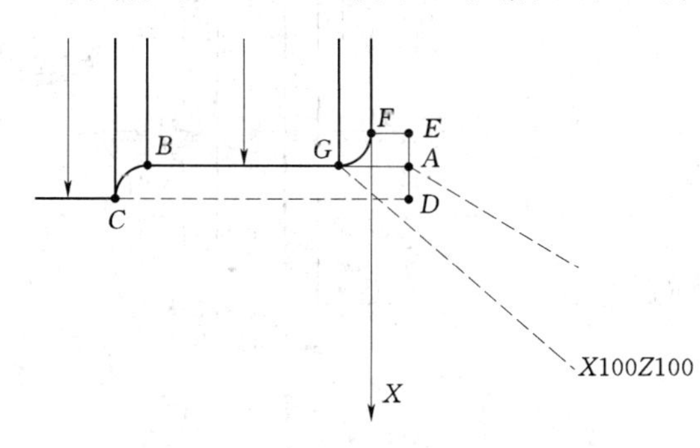

图 2-3-4 工件加工解析图（8）

程序的第 5 行（G02X50W-2.5R2.5）我们用了一下混合坐标编程。也就是说，除 UZ 坐标编程外，XW 也是混合坐标编程。

三、较大圆弧的粗车处理（1）

在实际的加工中，经常会遇到一些半径值比较大的圆弧，这时无法一次走刀就完成加工，像这样的圆弧，需要在精车之前进行一下粗车处理。下面介绍一下圆弧粗车的方法。

1. 偏移法

如图 2-3-5 所示，此方法通过圆弧偏移的方式分解切削圆弧，此方法的优点在于，刀具路径清晰，缺点是空刀路径太长。

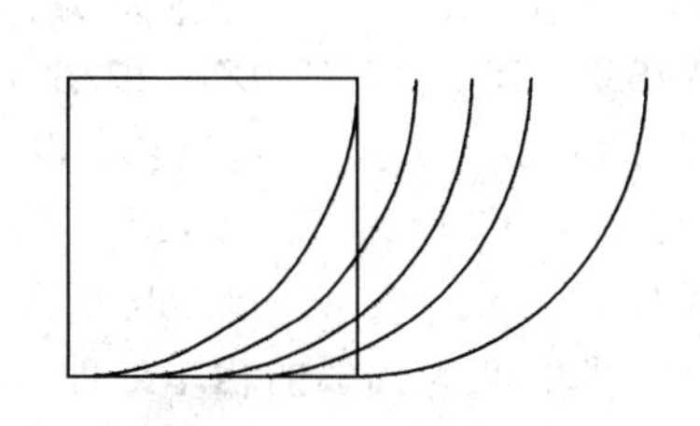
图 2-3-5 圆弧插补偏移法

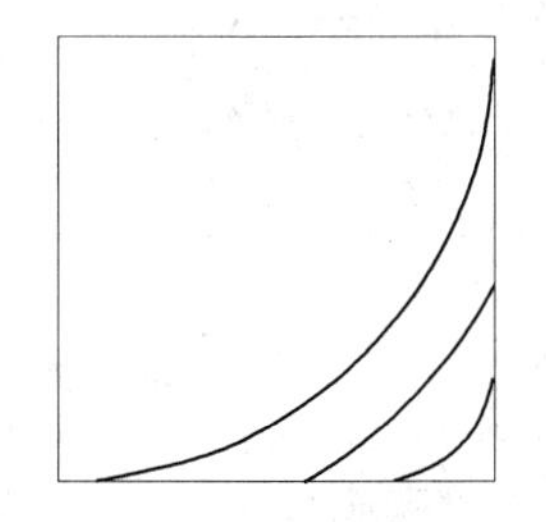
图 2-3-6 圆弧插补变 R 法

2. 变 R 法

如图 2-3-6 所示，此方法通过变化圆弧半径完成粗车，每一层之间的被吃刀量

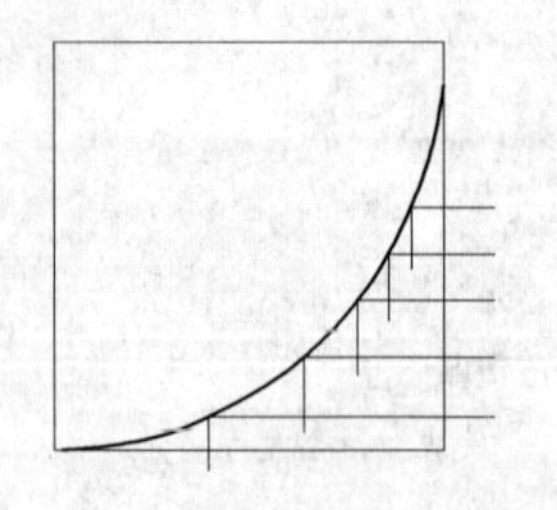
图 2-3-7 圆弧插补台阶法

不好控制，一般是有长期工作经验的工作人员使用此方法。

3. 台阶法

如图 2-3-7 所示，此方法不是很常用，原因是各台阶的终点不好控制，容易切削过圆弧。

工件如图 2-3-8 所示，有毛坯为 ϕ50mm，要求使用 1 号刀位上的外圆车刀，使用 1 号刀具偏置。要求圆弧部分采用偏移法或变 R 法车削。

```
O0009
G98M03S600T0101
G00X45Z2
G01Z-15
G02X50W-2.5R2.5
G00Z2
X40
G01Z-15
G02X50W-5R5
G00Z2
X30
G03X40W-5R5
G00Z2
X30
G01Z0
G03X40W-5R5
G00X100Z100
M05
M30
```

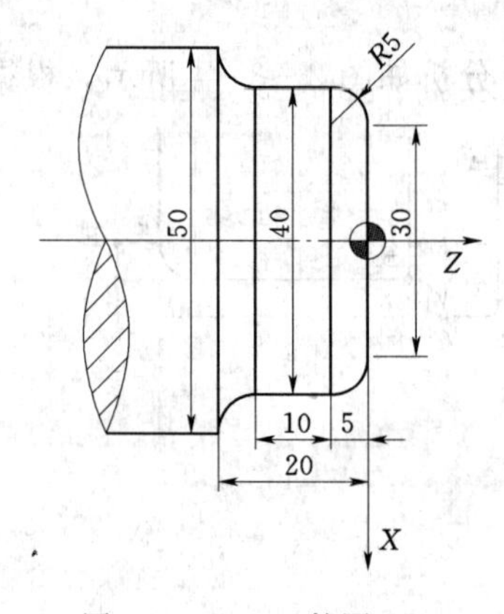

图 2-3-8 工件图（7）

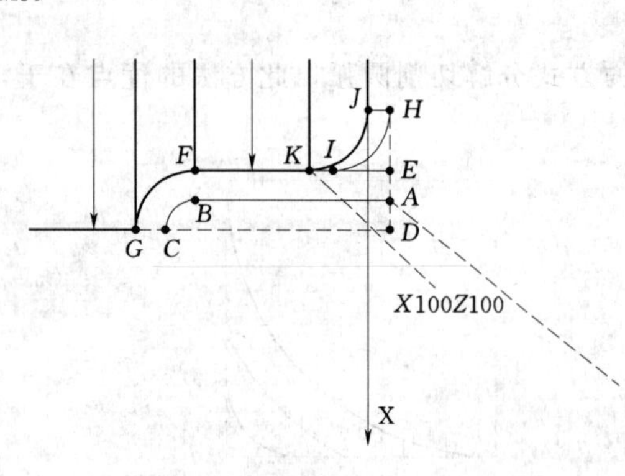

图 2-3-9 工件加工解析图（9）

此例中，要求采用偏移法或变 R 法车削，把直径 40～50 的圆弧采用变 R 法，把直径 30～40 的圆弧采用偏移法。分析如图 2-3-9 所示，刀具轨迹为 A：$X45Z2$、B：$X45Z-15$、C：$X50Z-17.5$、D：$X50Z2$、E：$X40Z2$、F：$X40Z-15$、G：$X50Z-20$、D、H：$X30Z2$、I：$X40Z-3$、E、H、J：$X30Z0$、K：$X40Z-5$、退刀 $X100Z100$。

四、较大圆弧的粗车处理（2）

下面再介绍一种圆弧粗车的方法，此方法在普车加工、数控车加工中都十分常用，这就是 $R/2$ 车圆法，如图 2-3-10 所示。

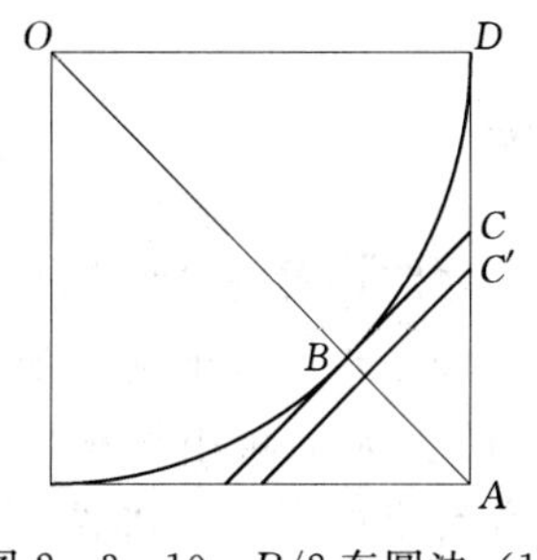

图 2-3-10 $R/2$ 车圆法（1）

设圆弧半径为 R，因为 $OB=R$，所以 $OA=\sqrt{2}R$，因此 $AB=OA-OB=\sqrt{2}R-R$。

过 B 点作圆弧的切线，交 AD 于 C。

$AC=\sqrt{2}AB=\sqrt{2}(\sqrt{2}R-R)=2R-\sqrt{2}R=0.586R$。

如果过 CB 点对圆弧进行粗车，有可能过切圆弧于 B，所以取 C' 点作 CB 的平行线，使 AC' 等于 $AD/2$，即 $R/2$。

在车削此圆弧时，余下的阴影部分可直接作为精车余量用于精车，如图 2-3-11 所示。

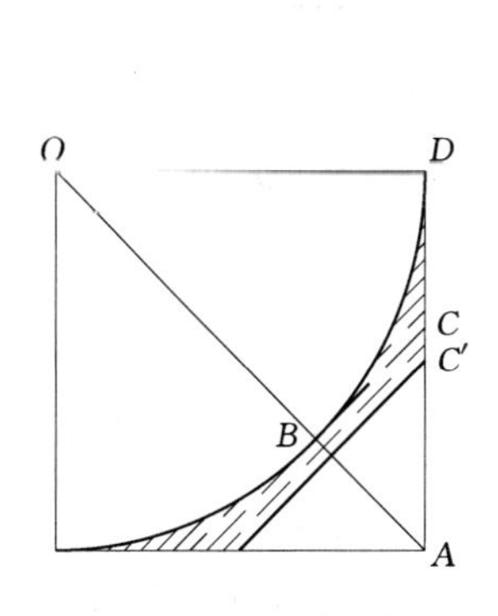

图 2-3-11 $R/2$ 车圆法（2）

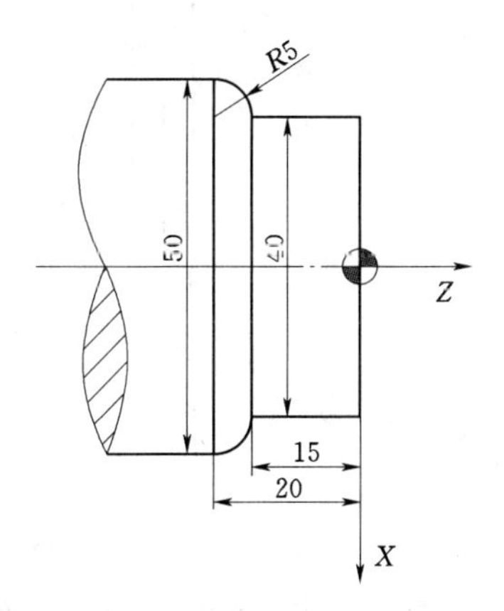

图 2-3-12 工件图（8）

工件如图 2-3-12 所示，有毛坯为 ϕ50mm，要求使用 1 号刀位上的外圆车刀，使用 1 号刀具偏置。要求圆弧部分采用 $R/2$ 车圆法进行车削。

```
O0010
G98M03S600T0101
G00X45Z2
G01Z-15
X50W-2.5
G00Z2
X40
G01Z-15
G03X50W-5R5
G00X100Z100
M05
M30
```

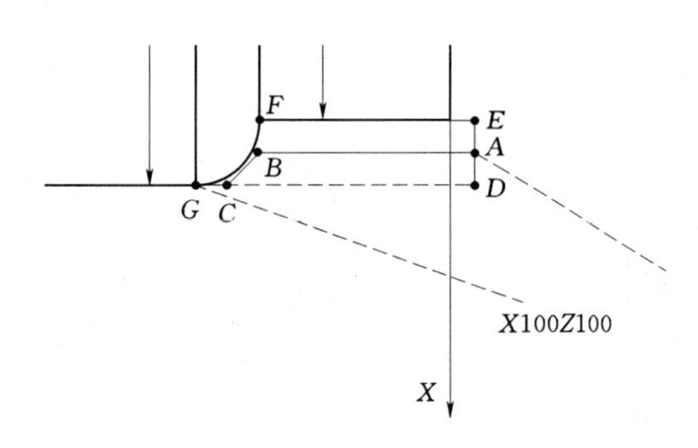

图 2-3-13 工件加工解析图（10）

分析如图 2-3-13 所示，刀具轨迹为 A：$X45Z2$、B：$X45Z-15$、C：$X50Z-17.5$、D：$X50Z2$、E：$X40Z2$、F：$X40Z-15$、G：$X50Z-20$、退刀 $X100Z100$。

模块四 切断与外圆沟槽

槽的车削是车床加工中重要的加工部分，在对槽进行加工之前，首先要掌握切槽用刀的形状和性能。槽的切削不同于以往的车削轴面，它是一种径向上的车削，所以一般的槽刀都是径向进给的，它的主切削刃是平行于主轴轴线的。为了减小切槽时所受切削阻力及方便排屑，从前刀面上看，一般把槽刀设计成前宽后窄的形状，如图 2-4-1 所示。

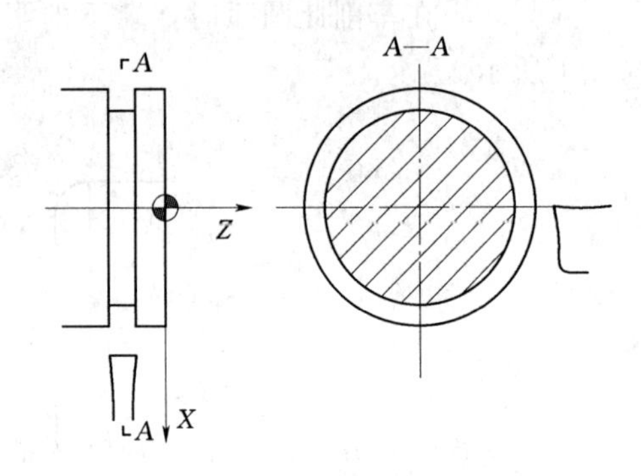

图 2-4-1 外圆槽刀切削示意图

一、槽刀对刀

由于槽刀是两个刀尖，所以在槽刀的使用中就会遇到一个问题：是以左刀尖为基准还是以右刀尖为基准进行编程。在实际生产中，用两个刀尖哪个作为基准都可以，这主要是根据个人的习惯来定，但这两种刀尖基准的对刀方法是有区别的。这两种方法的 X 轴对刀没有区别，如图 2-4-2 所示。

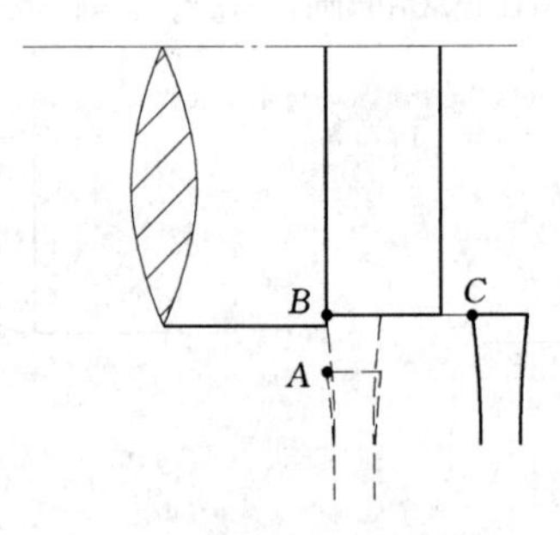

图 2-4-2 外圆槽刀 X 轴对刀方法

从 A 点起径向切入工件至 B 点，注意不要切入太深，再沿轴向至 C 点，停主轴，对所切轴面进行直径测量，得出数据后，去刀具偏置表内进行数据填写，X 轴对刀完成。

对 Z 轴就有明显的区别了，如果选用左刀尖作为基准，如图 2-4-3 所示，从 A 点沿径向切至 B 点（B 点在轴线上），再返回 A 点，进入刀具偏置表，设 Z 为“0”。注意这个过程的切削量不要太大。

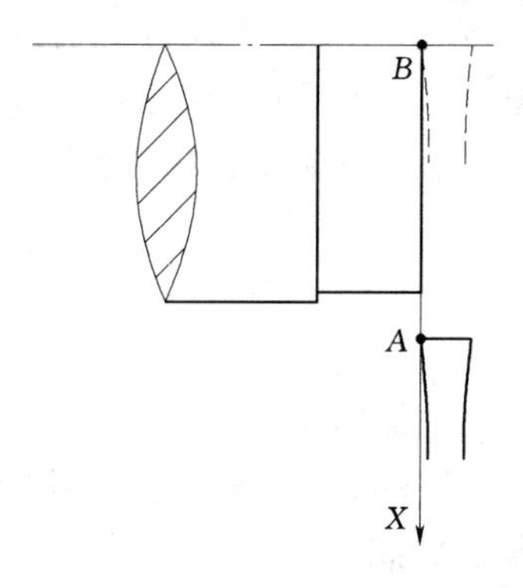

图 2-4-3　外圆槽刀左刀尖 Z 轴设定

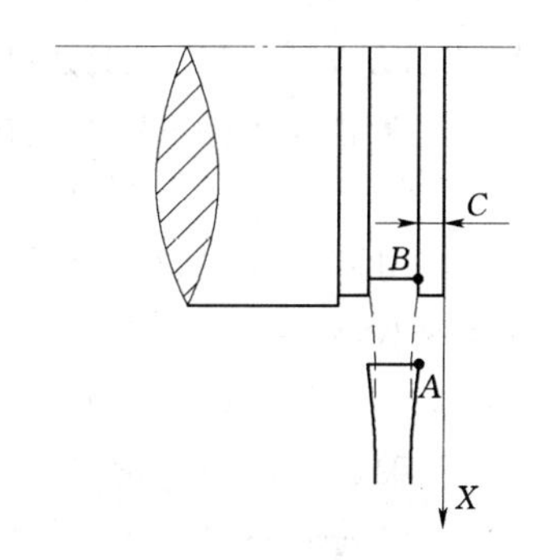

图 2-4-4　外圆槽刀右刀尖 Z 轴设定

如果选用右刀尖作为基准，在 Z 轴的操作上存在区别，如图 2-4-4 所示，先从 A 点径向切入工件至 B 点，再返回 A 点，停主轴，测量所切槽的右侧到轴右端面的距离，并把该数据记录到刀具偏置表内。

槽刀的对刀还有很多方法，在这里就不一一列举了，上面的两种对刀方法是现在比较常见的方法，希望大家借鉴。

二、槽的车削

工件如图 2-4-5 所示，现有半成品工件，需要对其进行切槽加工，要求使用 2 号刀位上的外圆槽车刀，使用 2 号刀具偏置，槽刀刀宽为 5mm。

```
O0011
G98M03S600T0202
G00X47Z-10      ；采用左刀尖为编程基准
G01X35
G04P100
G01X47
G00X100Z100
M05
M30
```

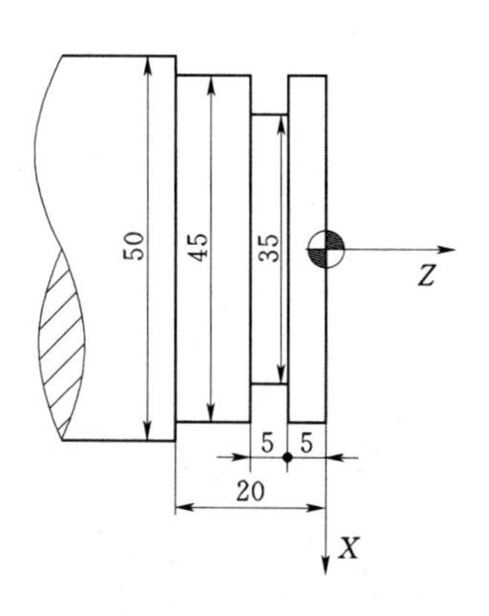

图 2-4-5　工件图（9）

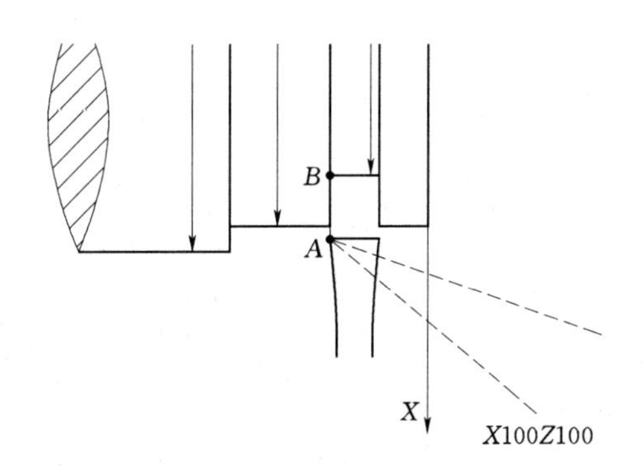

图 2-4-6　工件加工解析图（11）

分析如图 2-4-6 所示，槽刀以左刀尖为程序基准，从程序执行前的定刀点开始运动，轨迹为 A：X47Z−10、B：X35Z−10、A、退刀 X100Z100。注意，在这里 A 点 Z 坐标为−10，这是因为槽刀是有一定宽度的，在计算数据时还要注意在原有数据中加入槽刀刀宽参数。

在此程序中，用了一个新的指令—G04 暂停指令。

三、暂停指令 G04

指令格式：G04 P_；或 G04 X_；或 G04 U_；或 G04；

指令功能：各轴运动暂停，延时给定时间后，再执行下一个程序段。执行过程中不改变当前的 G 指令模态和保持的数据、状态。

指令说明：G04 为非模态 G 指令；G04 延时时间由指令字给出，P 的单位为 0.001s，X、U 的单位是 s。

延时时间范围可取 0.001～99999.999s。

注意事项：

(1) P、X、U 在同一程序段 P 优先有效。X、U 在同一程序段 X 有效。

(2) G04 指令执行中，如果进行进给保持操作，先完成延时，再进入进给保持。

在槽的切削中，往往会在切至槽底时加一段 G04 指令，目的是让槽刀在槽的底部充分切削，更好地保证工件加工尺寸。

四、宽槽的处理

在实际生产中，总是会遇到一些相对比较宽的槽，操作者手中还没有太适合的槽刀来完成槽的一次性车削，这时就需要用比槽宽窄的槽刀来进行加工。

工件如图 2-4-7 所示，现有半成品工件，需要对其进行切槽加工，要求使用 2 号刀位上的外圆槽车刀，使用 2 号刀具偏置，槽刀刀宽为 5mm。

```
O0012
G98M03S600T0202
G00X47Z-10      ；第一定刀点
G01X35
G04P100
G01X47
G00W-4          ；第二定刀点
G01X35
G04P100
G01X47
G00Z-17         ；第三定刀点
G01X35
G04P100
G01X47
G00X100Z100
M05
M30
```

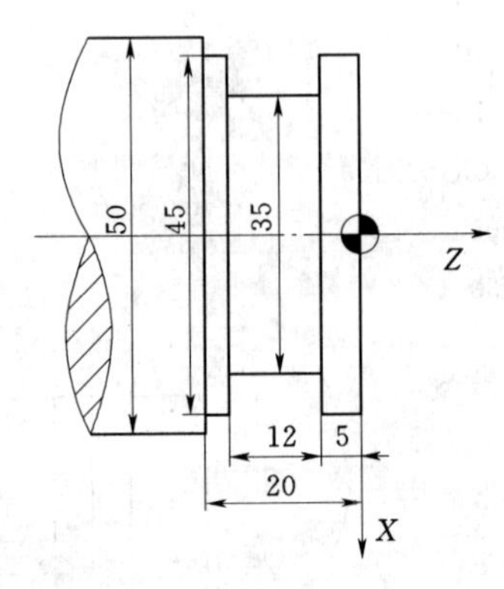

图 2-4-7　工件图（10）

分析如图 2-4-8 所示，槽刀以左刀尖为程序基准，从程序执行前的定刀点开始运动，轨迹为 A_1：$X47Z-10$、B_1：$X35Z-10$、A_1、A_2：$X47Z-14$、B_2：$X35Z-14$、A_2、A_3：$X47Z-17$、B_3：$X35Z-17$、A_3、退刀 $X100Z100$。

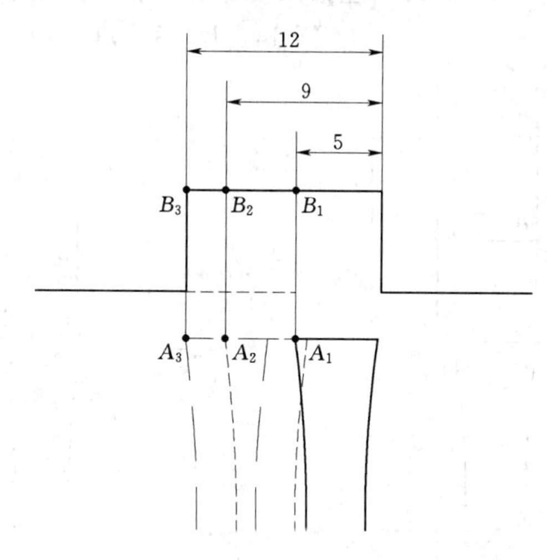

图 2-4-8 工件加工解析图（12）

从上面的切削过程中可以看出，每次切削后单轴退刀，退出工件后进行刀具的偏移，偏移量要小于刀具宽度，这是为了不在槽底留下因材料变形而产生的积屑。

五、槽的倒角

在槽的两侧进行倒角是槽的常见加工部分，前面讲述过轴的倒角，两者有相通之处，但又不太一样，最根本的原因就是外圆刀是轴向进刀，而槽刀是径向进刀。

工件如图 2-4-9 所示，现有半成品工件，需要对其进行切槽加工，要求使用 2 号刀位上的外圆槽车刀，使用 2 号刀具偏置，槽刀刀宽为 5mm。

```
O0013
G98M03S600T0202
G00X47Z-10
G01X35
G01X47
G00W-4
G01X35Z-10
X47
G00W-6  ；把倒角的锥线进行延长得出
G01X35Z-10
X47
G00W2
G01X43W-2
X35
G04P100
G01X47
G00X100Z100
```

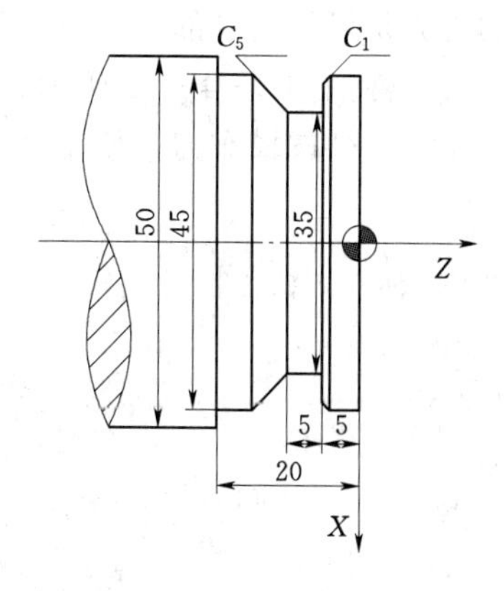

图 2-4-9 工件图（11）

```
M05
M30
```

分析如图2-4-10所示，槽刀以左刀尖为编程基准，槽左侧倒角加工的轨迹为A：$X47Z-10$、B：$X35Z-10$、A、C：$X47Z-14$、B、A、D：$X47Z-16$、B、A。

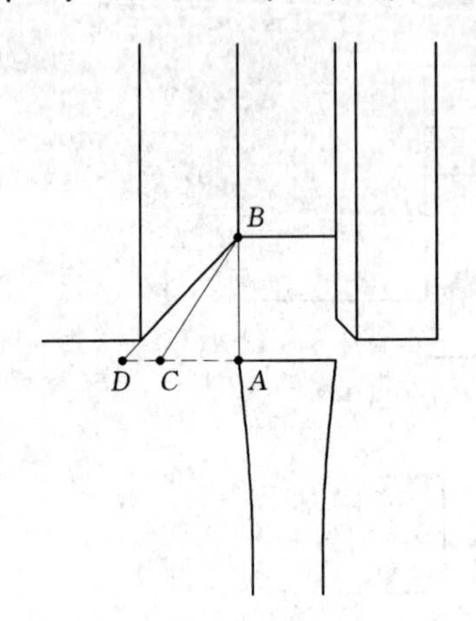

图2-4-10　工件加工解析图（13）

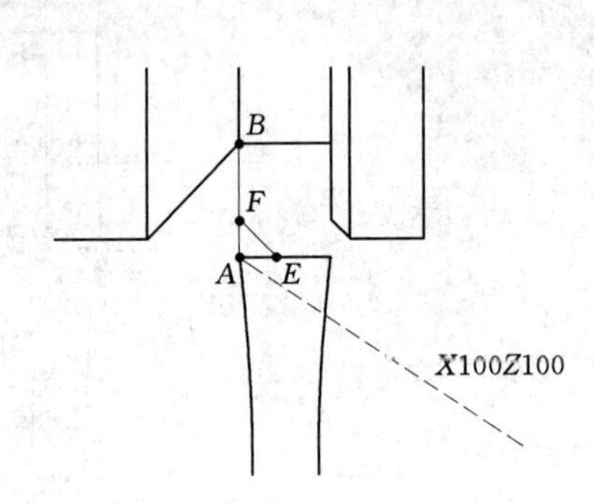

图2-4-11　工件加工解析图（14）

右侧倒角的程序，如图2-4-11所示，轨迹为A、E：$X47Z-8$、F：$X43Z-10$、B、A、退刀$X100Z100$。肯定会有同学提出疑问：“槽右侧倒角加工了吗？从分析图上怎么没有看到?”。解释一下，在切削槽右侧倒角时，程序中使用的是左刀尖的坐标，而实际对槽右侧倒角进行加工的是槽刀的右刀尖，这里涉及一个刀宽的问题，所以在下面的分析图中是看不到槽右侧倒角的加工轨迹的。

六、槽的倒圆

槽两边倒圆相对于轴面上车圆，在程序编写上要相对麻烦一些，但两者是相通的，有的地方是可以借鉴的。

工件如图2-4-12所示，现有半成品工件，需要对其进行切槽加工，要求使用2号刀位上的外圆槽车刀，使用2号刀具偏置，槽刀刀宽为5mm。

```
O0014
G98M03S600T0202
G00X47Z-10
G01X35
X47
G00W-3
G01X45
G03X39W3R3
G01X47
G00W-5
G01X45
G03X35W5R5
```

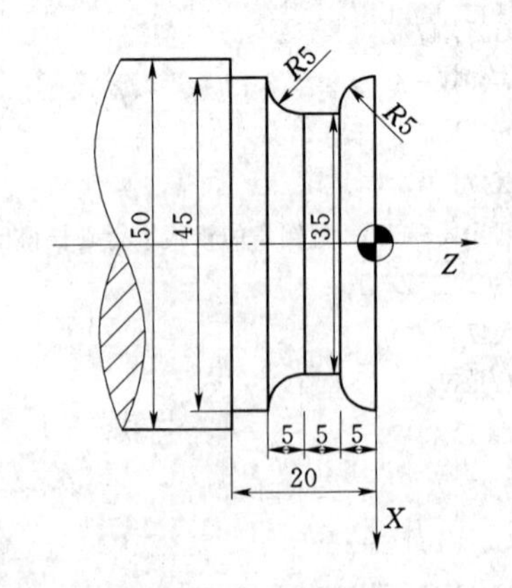

图2-4-12　工件图（12）

```
G01X47
G00W2.5     ；进行R/2车圆法
G01X45
U－5W－2.5
G00X47
W5
G01X45
G02X35Z－10
G04P100
G01X47
G00X100Z100
M05
M30
```

分析如图 2－4－13 所示，槽刀以左刀尖为编程基准，跟上面槽的倒角一样把左右分开说明，槽左侧倒圆加工的轨迹为 *A*：*X*47*Z*－10、*B*：*X*35*Z*－10、*A*、*C*：*X*47*Z*－13、*D*：*X*45*Z*－13、*E*：*X*39*Z*－10、*A*、*F*：*X*47*Z*－15、*G*：*X*45*Z*－15、*B*、*A*。在槽的左侧圆弧车削中，用了前面讲述过的变 *R* 法对圆弧进行了一下粗车处理。

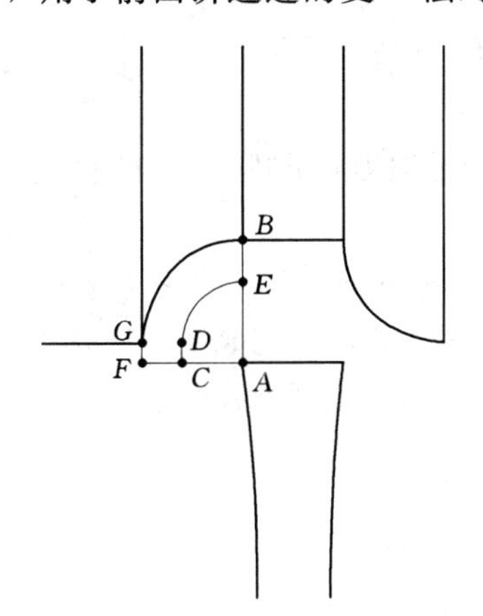

图 2－4－13　工件加工解析图（15）

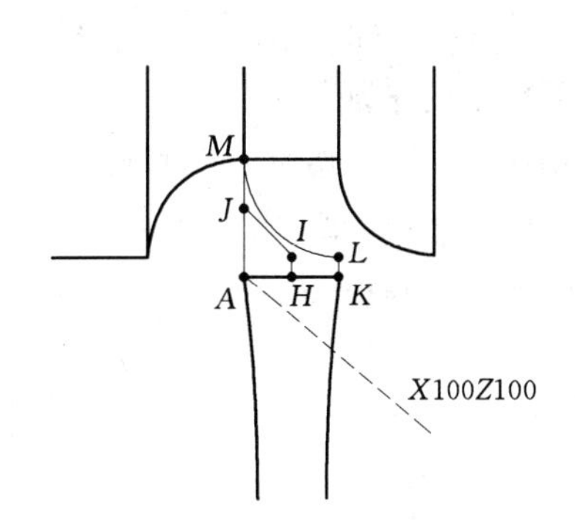

图 2－4－14　工件加工解析图（16）

圆弧右侧的圆弧，加工的轨迹如图 2－4－14 所示，*A*：*X*47*Z*－10、*H*：*X*47*Z*－7.5、*I*：*X*45*Z*－7.5、*J*：*X*40*Z*－10、*A*、*K*：*X*47*Z*－5、*L*：*X*45*Z*－5、*M*：*X*35*Z*－10、退刀 *X*100*Z*100。在槽的右侧圆弧切削中采用了 *R*/2 车圆法，再次提醒大家，我们是用左刀尖坐标编写的程序，但实际上是槽刀的右刀尖加工的工件。

七、切断

工件加工完毕，如果不是毛坯料定长的话，则要进行切断操作。

工件如图 2－4－15 所示，成品工件加工完毕，需要对其进行工件切断，要求使用 2 号刀位上的外圆槽车刀，使用 2 号刀具偏置，槽刀刀宽为 5mm。

```
O0015
G98M03S600T0202
G00X54Z-33
G01X0.5F100
X54
G00X100Z100
M05
M30
```

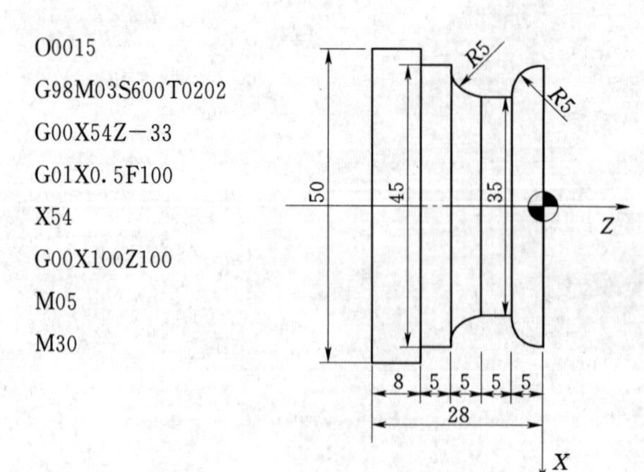

图 2-4-15　工件图（13）

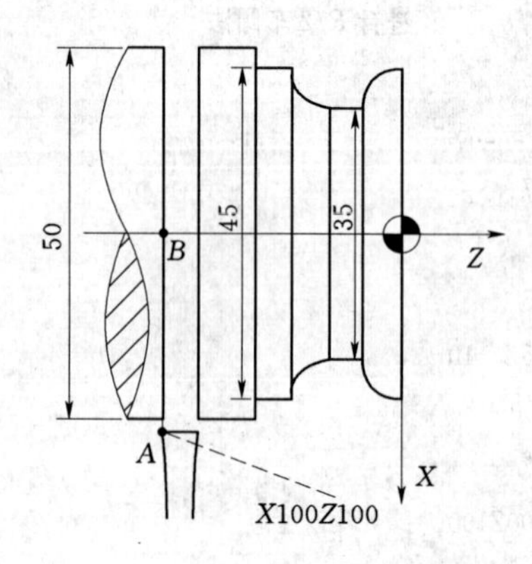

图 2-4-16　工件加工解析图（17）

分析如图 2-4-16 所示，切断加工的加工轨迹为 *A*：*X*54*Z*－33、*B*：*X*0.5*Z*－33、*A*、退刀 *X*100*Z*100。这里需要解释一下，*B* 点 *X* 为 0.5，是因为在切断时，还不等刀具切到 *X*，工件就已经掉落，而刀具在切过 *X*0 后，刀具容易产生破损，所以 *B* 点 *X* 为 0.5。

模块五　固定循环

此模块介绍一下 GSK980 的固定循环，循环指令是编程人员减少编程工件量的重要手段。

一、圆柱面的车削

工件如图 2-5-1 所示，要求使用 1 号刀位上的外圆车刀，使用 1 号刀具偏置。

此零件对已经学习过 G00 与 G01 指令的同学来说，是可以完成编程任务的，但编写起来比较繁琐，程序段过多，下面学习一条新的指令 G90，让它来帮助我们简化程序的编写。

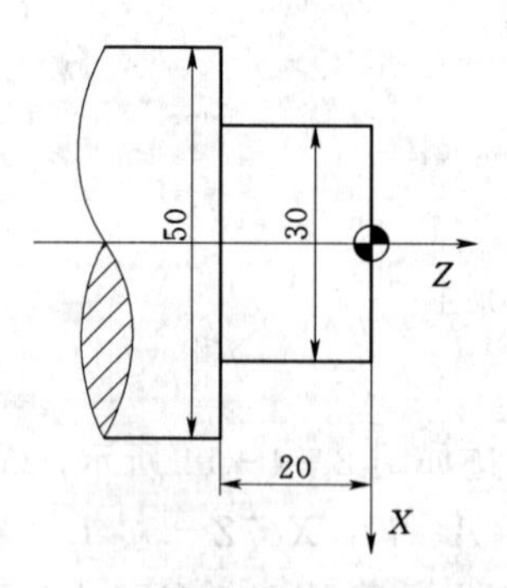

图 2-5-1　工件图（14）

1. 轴向切削循环 G90

指令格式：G90 X(U)__ Z(W)__ F__；

指令功能：从切削点开始，进行径向（*X* 轴）进刀，轴向（*Z* 轴或 *X*、*Z* 轴同时）切削，实现柱面切削循环，如图 2-5-2 所示。

指令说明：G90 为模态 G 指令。

$X(U)$ 为切削终点 X 轴的绝对坐标值（终点与起点的差值），单位为 mm。

$Z(W)$ 为切削终点 Z 轴的绝对坐标值（终点与起点的差值），单位为 mm。

循环过程：

（1）X 轴从起点快速移动到切削起点。

（2）从切削起点直线插补切削到切削终点。

（3）X 轴以切削进给速度退刀，返回到 X 轴绝对坐标与起点相同处。

（4）Z 轴快速移动返回到起点，循环结束。

根据 G90 指令的指令描述来编程例题的加工程序，如下：

```
O0016
G98M03S600T0101
G00X52Z2
G90X45Z－20F100
X40
X35
X30
G00X100Z100
M05
M30
```

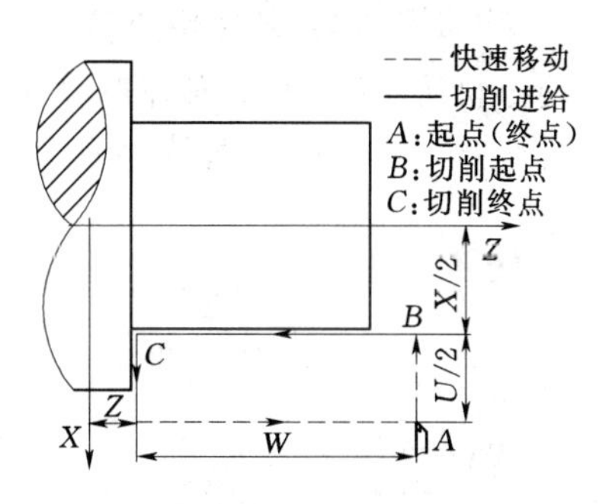

图 2－5－2　G90 柱面切削循环

程序编写起来是不是简单多了，现在我们来分析一下，分析如图 2－5－3 所示，刀具的行进轨迹为 A：$X52Z2$、B_1：$X45Z2$、C_1：$X45Z-20$、D：$X52Z-20$、A、B_2：$X40Z2$、C_1：$X40Z-20$、D、A、B_3：$X35Z2$、C_3：$X35Z-20$、D、A、B：$X30Z2$、C：$X30Z-20$、D、A、退刀点 $X100Z100$。每行 G90 都是从 A 开始，到 A 结束。

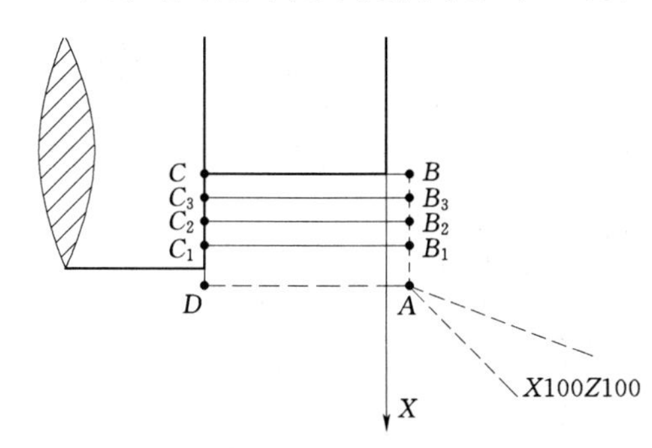

图 2－5－3　工件加工解析图（18）

2. 圆锥面的车削

G90 除了可以车削圆柱面外，还可以车削圆锥面，但在指令格式上略有区别。

指令格式：G90 X(U)__ Z(W)__ R __ F __；（圆锥切削）

指令功能：从切削点开始，进行径向（X 轴）进刀，轴向（Z 轴或 X、Z 轴同时）切削，实现锥面切削循环。

指令说明：G90 为模态 G 指令。

$X(U)$ 为切削终点 X 轴的绝对坐标值（终点与起点的差值），单位为 mm。

$Z(W)$ 为切削终点 Z 轴的绝对坐标值（终点与起点的差值），单位为 mm。

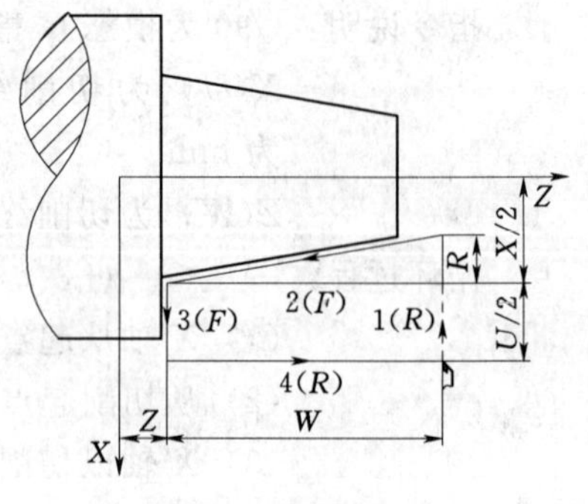

图 2-5-4　G90 锥面切削

R 在圆锥切削中使用，为切削起点与切削终点 X 轴绝对坐标的差值（半径值），单位为 mm。

R 带符号，R 为负时，要求 $|R| \leqslant |U/2|$；当 R 缺省或 $R=0$ 时，进行圆柱切削，如图 2-5-2 所示。当 $R<0$ 时，进行圆锥切削，如图 2-5-4 所示。

循环过程：

（1）X 轴从起点快速移动到切削起点。

（2）从切削起点直线插补切削到切削终点。

（3）X 轴以切削进给速度退刀，返回到 X 轴绝对坐标与起点相同处。

（4）Z 轴快速移动返回到起点，循环结束。

指令轨迹：U、W、R 反映切削终点与起点的相对位置，U、W、R 在符号不同时组合的刀具轨迹如图 2-5-5 所示，这是前刀座坐标系的指令轨迹示意图。

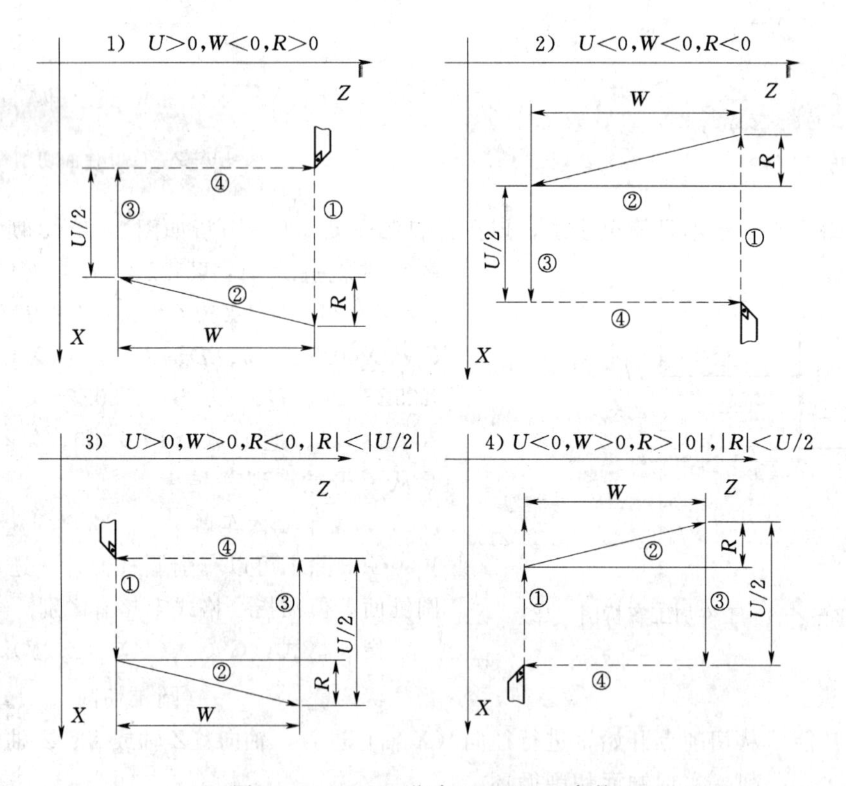

图 2-5-5　G90 指令 U、W、R 参数

工件如图 2-5-6 所示，要求使用 1 号刀位上的外圆车刀，使用 1 号刀具偏置。

在此例中，确定使用前面讲过的相同终点切削的方法，再把锥体沿 Z 轴正方向延长，延长距离 2mm，得出延长出的锥体小径为 39mm，如图 2-5-7 所示。

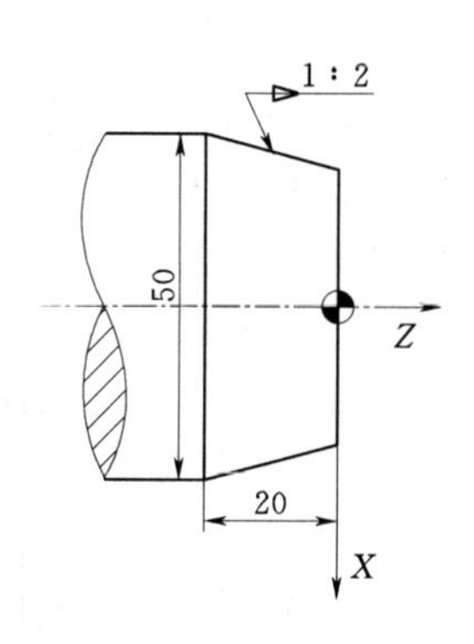

图 2-5-6　工件图（15）

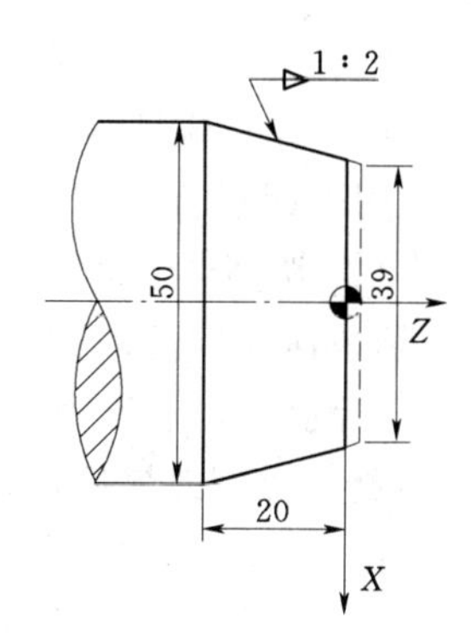

图 2-5-7　工件加工解析图（19）

根据延长计算结果可以算出 G90 中 R 参数的值为（39－50）/2，等于－5.5。此题需要对锥体进行多刀的切削，经过分析，编程如下：

```
O0017
G98M03S600T0101
G00X52Z2
G90X50Z－20R－3F100
R－5.5
G00X100Z100
M05
M30
```

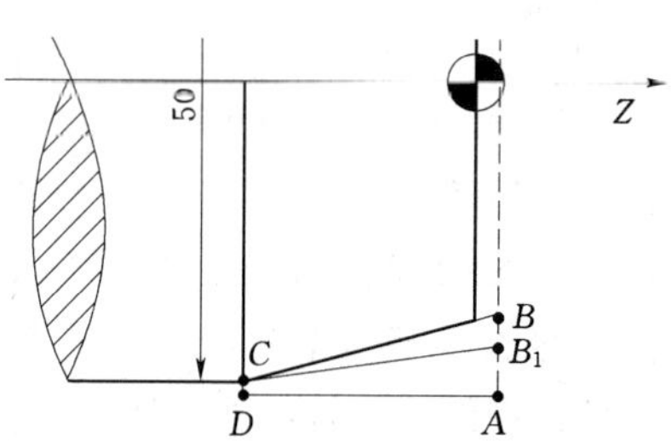

图 2-5-8　工件加工解析图（20）

分析如图 2-5-8 所示，刀具的行进轨迹为 A：$X52Z2$、B_1：$X44Z2$、C：$X50Z-20$、D：$X52Z-20$、A、B：$X39Z2$、C、D、A、退刀点 $X100Z100$。

二、径向车削循环

车床上有三大类工件：轴、盘、套（孔），前面讲的都是轴类工件，现在再来说说盘类工件。盘类工件如果采用轴向切削是无法保证盘面表面光滑度的，并且切削效率低下，所以在此类工件加工中是采用径向进给切削的，因此选用的刀具也是径向刀具。先来学习一条适合切削盘类工件的指令。

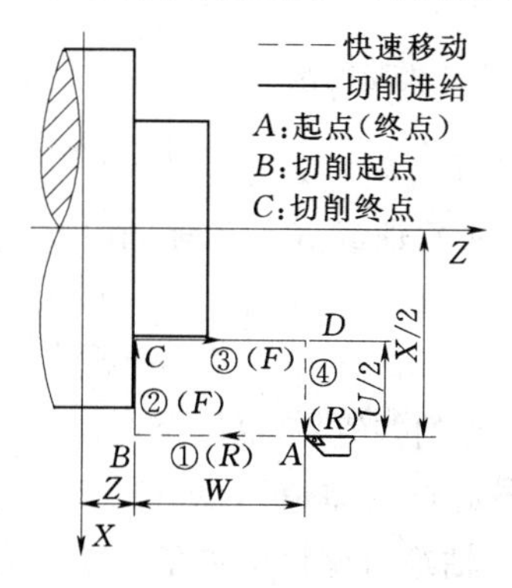

图 2-5-9　G94 端面切削

1. 径向轴面的车削

指令格式：G94 X(U)＿ Z(W)＿ F＿；

指令功能：从切削点开始，进行轴向（Z 轴）进刀，径向（X 轴或 X、Z 轴同时）切削，实现端面或锥面切削循环，如图 2-5-9 所示。

指令说明：G94 为模态 G 指令。

$X(U)$ 为切削终点 X 轴的绝对坐标值（终点与起点的差值），单位为 mm。

$Z(W)$ 为切削终点 Z 轴的绝对坐标值（终点与起点的差值），单位为 mm。

循环过程：

(1) Z 轴从起点快速移动到切削起点（$A \to B$）。

(2) 从切削起点直线插补切削到切削终点（$B \to C$）。

(3) Z 轴以切削进给速度退刀，返回到 Z 轴绝对坐标与起点相同处（$C \to D$）。

(4) X 轴快速移动返回到起点，循环结束（$D \to A$）。

工件如图 2-5-10 所示，要求使用 4 号刀位上的径向切削刀具，使用 4 号刀具偏置，背吃刀量控制在 4mm 以下。

```
O0018
G98M03S600T0404
G00X52Z2
G94X12Z-3F100
Z-5
G00X100Z100
M05
M30
```

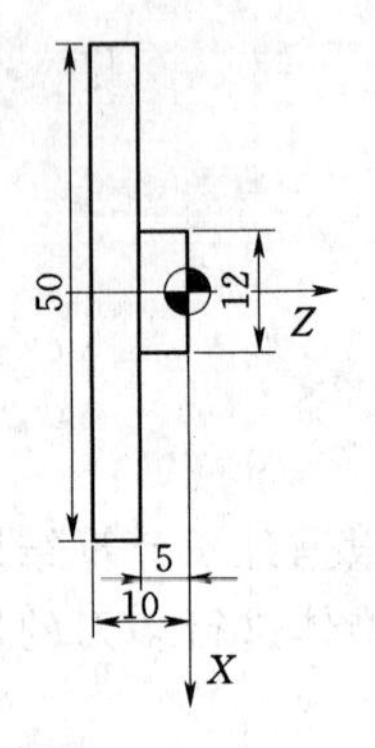

图 2-5-10　工件图（16）

分析如图 2-5-11 所示，刀具的行进轨迹为 A：$X52Z2$、B_1：$X52Z-3$、C_1：$X12Z-3$、D：$X12Z2$、A、B：$X52Z-5$、C：$X12Z-5$、D、A、退刀点 $X100Z100$。

2. 径向锥面的车削

盘类零件除台阶以外，还有锥体。G94 还有另一种格式，适合盘类的锥体切削，下面就来介绍 G94 的锥面切削。

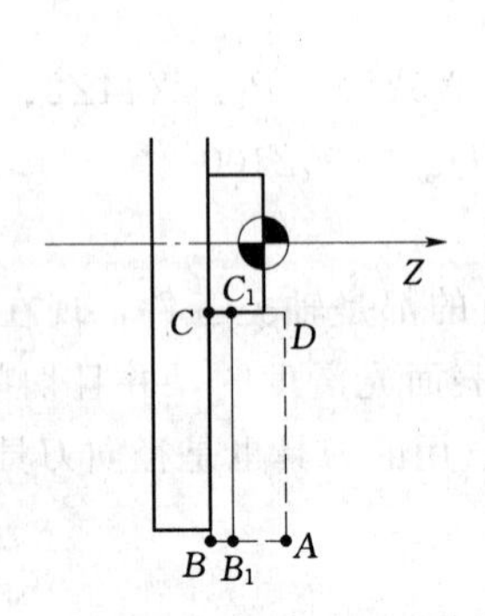

图 2-5-11　工件加工解析图（21）

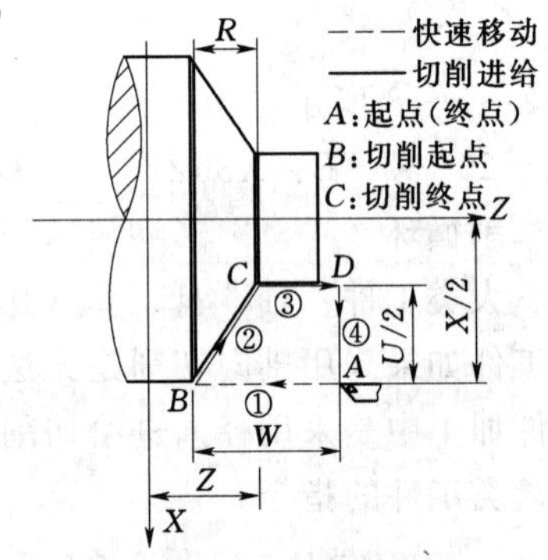

图 2-5-12　G94 锥面切削

指令格式：G94 X(U)__ Z(W)__ R__ F__；（锥度端面切削）

指令功能：从切削点开始，进行轴向（Z 轴）进刀，径向（X 轴或 X、Z 轴同时）切削，实现端面或锥面切削循环。

指令说明：G94 为模态 G 指令。

$X(U)$ 为切削终点 X 轴的绝对坐标值（终点与起点的差值），单位为 mm。

$Z(W)$ 为切削终点 Z 轴的绝对坐标值（终点与起点的差值），单位为 mm。

R 在圆锥切削中使用，为切削起点与切削终点 Z 轴绝对坐标的差值，单位为 mm。当 R 与 W 的符号不同时，要求 $|R| \leqslant |W|$，如图 2-5-12 所示。

循环过程：

（1）Z 轴从起点快速移动到切削起点（$A \to B$）。

（2）从切削起点直线插补切削到切削终点（$B \to C$）。

（3）Z 轴以切削进给速度退刀，返回到 Z 轴绝对坐标与起点相同处（$C \to D$）。

（4）X 轴快速移动返回到起点，循环结束（$D \to A$）。

指令轨迹：U、W、R 反映切削终点与起点的相对位置，U、W、R 在符号不同时组合的刀具轨迹如图 2 5 13 所示，这是前刀座坐标系的轨迹示意图。

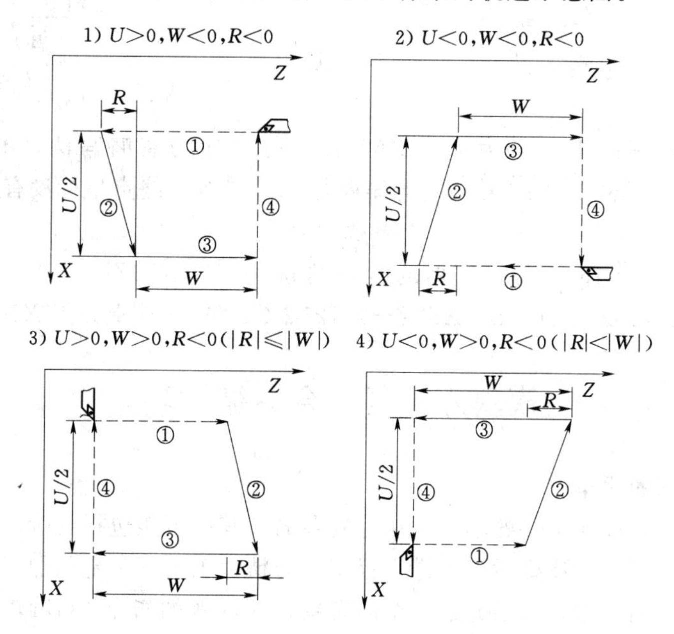

图 2-5-13　G94 指令 U、W、R 参数

工件如图 2-5-14 所示，要求使用 4 号刀位上的径向切削刀具，使用 4 号刀具偏置，背吃刀量控制在 4mm 以下。

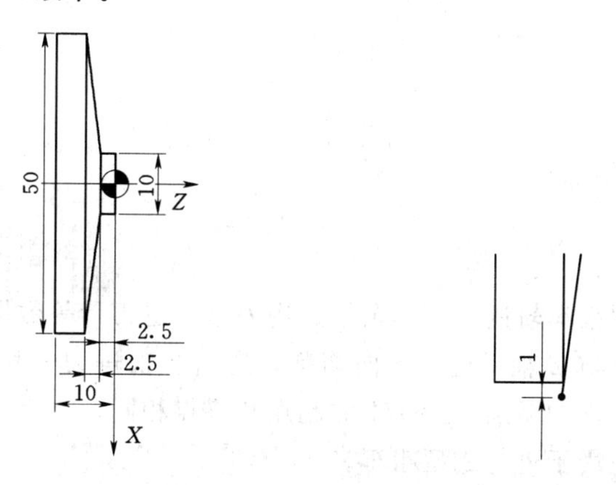

图 2-5-14　工件图（17）　　　图 2-5-15　工件加工解析图（22）

与 G90 切削锥体一样，在使用 G94 进行锥体加工时，也需要先对锥线进行延长。延长方法为：沿径向 X 轴正方向单边（半径）延长 1mm，如图 2-5-15 所示。

经过计算，可以得出延长出的点的 X 值为 52mm，Z 值为－5.125，即可推算出 G94 的 R 值为－2.625。加工程序如下：

```
O0019
G98M03S600T0404
G00X52Z2
G94X10Z－2.5F100
R－2.625
G00X100Z100
M05
M30
```

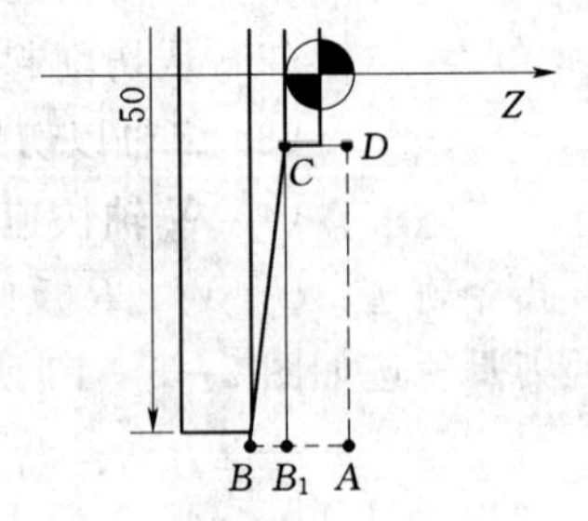

图 2-5-16　工件加工解析图（23）

在本题中，程序的第 5 行为 $R-2.625$，此行程序为省略写法，不省略的写法为 $G94X10Z-2.5R-2.625$，因为第 5 行与第 4 行的 G 指令、终点坐标没有发生变动，所以省略了。

分析如图 2-5-16 所示，刀具的行进轨迹为 A：$X52Z2$、B_1：$X52Z-2.5$、C：$X10Z-2.5$、D：$X10Z2$、A、B：$X52Z-5.125$、C、D、A、退刀点 $X100Z100$。

模块六　复　合　循　环

一、复杂轴面的粗车

在轴的车削中，往往工件的轴面是相对复杂的，其中可能包括台阶、圆弧、锥体、倒角等，在实际的加工中，还要对工件进行粗车，为精加工留有一定的加工余量，这就给编程人员带来了更大的困难。下面介绍一个能解决这些问题的指令—G71，它是现在轴、孔类复杂工件车削首选的粗车指令。

指令格式：G71 U(Δd)R(e)__ F__ S__ T__；　　(1)

G71 P(ns)Q(nf)U(Δu)W (Δw)；　　(2)

N(ns).........；

...............；

......F；　　(3)

......S；

......

N(nf)........；

指令功能：系统根据精车轨迹、精车余量、进刀量、退刀量等数据自动计算粗加工路线，沿着与 Z 轴平行的方向切削，通过多次进刀→切削→退刀的切削循环完成工件的粗加工。G71 的起点和终点相同。

显然，本指令非常适用于进行成型粗车。

执行 G71 指令，分为三部分：

(1) 为给定粗车时的切削量、退刀量和切削速度、主轴转速、刀具功能的程序段。

(2) 为给定定义精车轨迹的程序段区间、精车余量的程序段。

（3）编写精车轨迹的程序段。

所编写的精车轨迹程序段，在粗车循环中作为粗车循环轨迹的计算依据。同时，真正精车时，只给出 G70 指令，给出此段号，不用再编写移动轨迹的指令，而是使用此区段的轨迹。

指令说明：G71 为非模态 G 指令。

Δd 为粗车时 X 轴的单次切削量，取值范围为 0.001～99.999（单位为 mm，半径值），无符号，进刀方向由 ns 程序段的移动方向决定。$U(\Delta d)$ 执行后，指令值保持。如果没输入 $U(\Delta d)$ 值，则以参数 NO. 51 的值作为进刀量。

e 为粗车时 X 轴的退刀量，取值范围为 0.001～99.999（单位为 mm，半径值），无符号，退刀方向与进刀方向相反。$R(e)$ 执行后，指令值保持。如果没输入 $R(e)$ 值，则以参数 NO. 52 的值作为退刀量。

ns 为精车轨迹的第一个程序段的程序段号。

nf 为精车轨迹的最后一个程序段的程序段号。

Δu 为 X 轴的精加工余量，取值范围为－99.999～99.999（单位为 mm，直径值），有符号，粗车轮廓相对于精车轨迹的 X 轴坐标偏移，即 A' 点与 A 点 X 轴绝对坐标的差值。$U(\Delta u)$ 未输入时，系统按 $\Delta u=0$ 处理，即：粗车循环 X 轴不留精加工余量。

Δw 为 Z 轴的精加工余量，取值范围为－99.999～99.999（单位为 mm），有符号，粗车轮廓相对于精车轨迹的 Z 轴坐标偏移，即 A' 点与 A 点 Z 轴绝对坐标的差值。$U(\Delta w)$ 未输入时，系统按 $\Delta w=0$ 处理，即：粗车循环 Z 轴不留精加工余量。

F 为切削进给速度。

S 为主轴转速。

T 为刀具号、刀具偏置号。

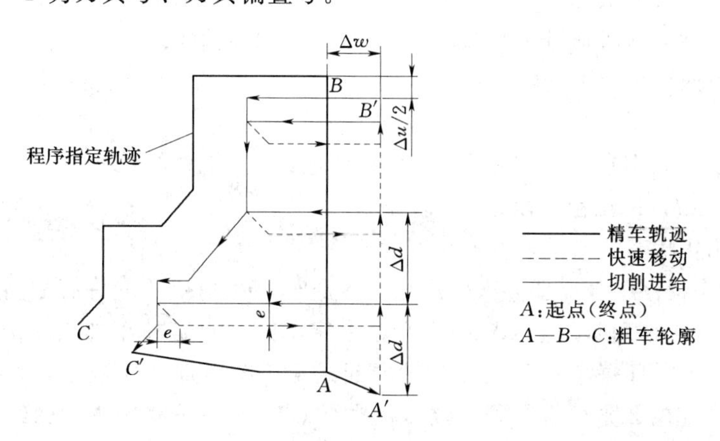

图 2－6－1　轴向粗车循环的指令轨迹示意图

循环指令过程（如图 2－6－1 所示）：

（1）从起点 A 点快速移动到 A' 点，X 轴移动 Δu、Z 轴移动 Δw。

（2）从 A' 点 X 轴移动 Δd（进刀），ns 程序段是 G0 时按快速移动速度进刀，如果是 G1 时按 G71 的切削进给速度 F 进刀，进刀方向与 A 点→B 点的方向一致。

（3）Z 轴切削进给到粗车轮廓，进给方向与 B 点→C 点 Z 轴坐标变化一致。

（4）X 轴、Z 轴按切削进给速度退刀 e，退刀方向与各轴进刀方向相反。

（5）Z 轴以快速移动速度退回到与 A' 点 Z 轴绝对坐标相同的位置。

（6）如果 X 轴再次进刀（$\Delta d+e$）后，移动的终点仍在 A' 点→B' 点的连线中间（未达到或超出 B' 点），X 轴再次进刀（$\Delta d+e$），然后执行步骤（3），如果 X 轴再次进刀（$\Delta d+e$）后，移动的终点到达 B' 点或超出了 A' 点→B' 点的连线，X 轴进刀至 B' 点，然后执行步骤（7）。

（7）沿粗车轮廓从 B' 点切削进给至 C' 点。

（8）从 C' 点快速移动到 A 点，G71 循环执行结束，程序跳转到 nf 程序段的下一个程序段执行。

注意事项：

（1）ns～nf 程序段必须紧跟在 G71 程序段后编写。

（2）ns～nf 之间的程序段是精车的程序段，对 G72 粗车循环而言，它只起计算运行轨迹的作用，对 G70 而言，它才是实际的运行轨迹。因此，它与 G71 程序段有各自不同的 F、S、T 指令。

（3）ns 程序段只能是不含 Z(W) 指令字的 G00、G01 指令。

（4）ns～nf 之间的程序段轨迹，必须是单调变化（一直增大或一直减小，而不能是波浪形的）。

（5）ns～nf 程序段中，只能有下列 G 功能：G00～G04、G96～G99、G40～G42，而不能有子程序调用和其他循环。

（6）在执行 G71 粗车循环时，G96～G99、G40～G42 指令无效。

（7）在 G71 指令执行过程中，一般不要停止自动运行。如果一旦停止，当再次执行 G71 循环时，就必须返回到停止时的位置；否则后面的运行轨迹将错位。

（8）运行中如果执行了进给保持、单程序段操作，则在运行完当前轨迹的终点后程序暂停。

（9）Δd、Δu 都用同一地址字 U，其区分是有 P、Q 指令的是 Δu，用在精车段；而无 P、Q 指令的是 Δd，用在粗车段。

（10）在 MDI 状态下（录入方式）不能使用 G71 指令。

（11）在同一程序中，需要多次使用循环指令时，ns～nf 不允许有相同的程序段号。

特别提示：ns 程序段不能包含 Z(W) 指令字，因为它是精车加工轨迹的第一段，即定位点，也是粗车循环每个循环加工的轴向起始点。精车加工轨迹是粗车加工循环的依据，它们的起始点在 Z 坐标上必须一致。在执行 G71 前一段程序中，已经给出了 Z 坐标位置，所以 ns 程序段不能再包含 Z(W) 指令字，后续段当然可以有 Z(W) 指令字。

留精车余量时坐标偏移方向：

Δu、Δw 反映了精车时坐标的偏移和切入方向，按 Δu、Δw 的符号有 4 种不同组合，

如图 2-6-2 所示，图 2-6-2 中 A 为起刀点，B—C 为精车轨迹，B'—C' 为粗车轮廓。

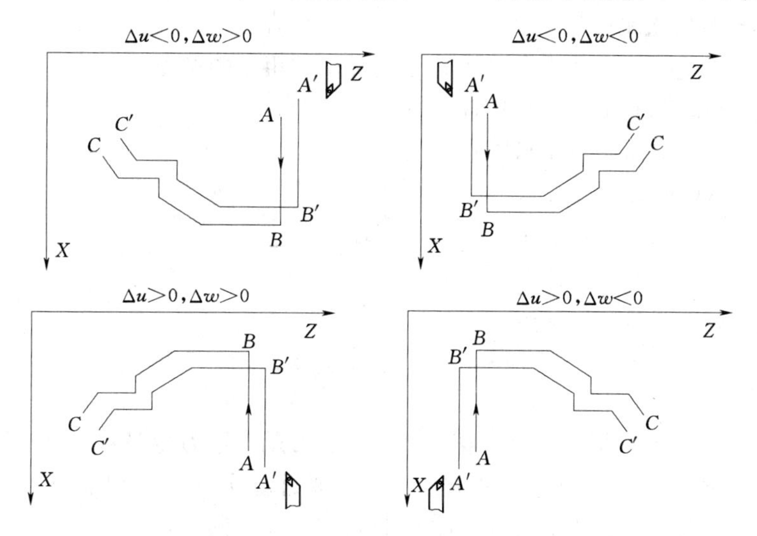

图 2-6-2　轴向粗车循环偏移方向

工件如图 2-6-3 所示，有毛坯为 ϕ50mm，要求对工件进行粗车加工，并在径向轴面留有 0.5mm，轴向上留有 0.05mm 的精加工余量，刀具使用 1 号刀位上的外圆车刀，使用 1 号刀具偏置，不要求切断。

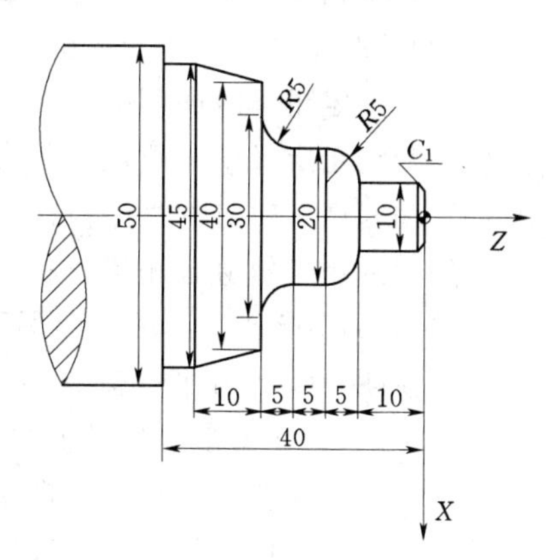

图 2-6-3　工件图（18）

```
O0020
G98M03S600T0101
G00X52Z2
G71U3R1F100
G71P10Q20U0.5W0.05
N10G00X4
G01X10Z－1
Z－10
G03X20W－5R5
G01W－5
G02X30W－5R5
G01X40
X45W－10
Z－40
N20X52
G00X100Z100
M05
M30
```

在上面的程序中 N10～N20 中间的程序只是为 G71 工件描述程序段，并未被真的执行，该程序段中的 X、Z 数据是单调变化的。在 G71 执行完成粗车加工后，刀具先返回

G71 前的定刀点，也就是 $X52Z2$，再执行 G00X100Z100，安全退刀。

二、复杂盘类的粗车

轴类粗车介绍完了，再来介绍一下用于盘类工件粗车的指令。

指令格式：G72 W(Δd)R(e)_F_S_T_；　　　(1)

G72 P(ns)Q(nf)U(Δu)W(Δw)；　(2)

N(ns)………；

……………；

……F；　　　　　　　　　　　(3)

……S；

……

N(nf)………；

指令功能：系统根据精车轨迹、精车余量、进刀量、退刀量等数据自动计算粗加工路线，沿与 X 轴平行的方向切削，通过多次进刀→切削→退刀的切削循环完成工件的粗加工。G72 的起点和终点相同。

显然，本指令非常适用于进行成型粗车。

执行 G72 指令，分为三部分：

(1) 为给定粗车时的切削量、退刀量和切削速度、主轴转速、刀具功能的程序段。

(2) 为给定定义精车轨迹的程序段区间、精车余量的程序段。

(3) 编写精车轨迹的程序段。

所编写的精车轨迹程序段，在粗车循环中用作确定粗车循环的轨迹。同时，真正精车时，只给出 G70 指令，不用再编写移动轨迹的指令，而是使用此区段的轨迹。

指令说明：G72 为非模态 G 指令。

Δd 为粗车时 Z 轴的单次切削量，取值范围为 0.001～99.999（单位为 mm），无符号，进刀方向由 ns 程序段的移动方向决定。$W(\Delta d)$ 执行后，其指令值保持。如果没输入 $W(\Delta d)$ 值，则以参数 NO.51 的值作为进刀量。

e 为粗车时 Z 轴的退刀量，取值范围为 0.001～99.999（单位为 mm），无符号，退刀方向与进刀方向相反。$R(e)$ 执行后，指令值保持。如果没输入 $R(e)$ 值，则以参数 NO.52 的值作为退刀量。

ns 为精车轨迹的第一个程序段的程序段号。

nf 为精车轨迹的最后一个程序段的程序段号。

Δu 为 X 轴的精加工余量，取值范围为 −99.999～99.999（单位为 mm，直径值），有符号，粗车轮廓相对于精车轨迹的 X 轴坐标偏移，即 A' 点与 A 点 X 轴绝对坐标的差值。$U(\Delta u)$ 未输入时，系统按 $\Delta u=0$ 处理，即：粗车循环 X 轴不留精加工余量。

Δw 为 Z 轴的精加工余量，取值范围为 −99.999～99.999（单位为 mm），有符号，粗车轮廓相对于精车轨迹的 Z 轴坐标偏移，即 A' 点与 A 点 Z 轴绝对坐标的差值。$W(\Delta w)$ 未输入时，系统按 $\Delta w=0$ 处理，即：粗车循环 Z 轴不留精加工余量。

F 为切削进给速度。

S 为主轴转速。

T 为刀具号、道具偏置号。

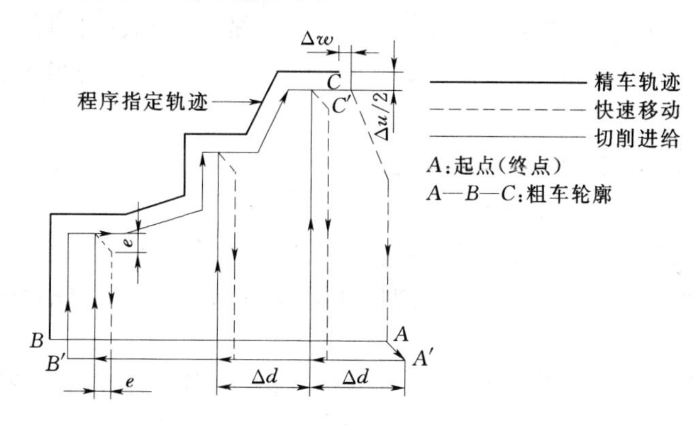

图 2-6-4　径向粗车循环的指令轨迹示意图

循环指令过程（如图 2-6-4 所示）：

（1）起点 A 点快速移动到 A' 点，X 轴移动 Δu、Z 轴移动 Δw。

（2）A' 点 Z 轴移动 Δd（进刀），ns 程序段是 G0 时按快速移动速度进刀，如果是 G1 时按 G72 的切削进给速度 F 进刀，进刀方向与 A 点→B 点的方向一致。

（3）X 轴切削进给到粗车轮廓，进给方向与 B 点→C 点 X 轴坐标变化一致。

（4）X 轴、Z 轴按切削进给速度退刀 e，退刀方向与各轴进刀方向相反。

（5）X 轴以快速移动速度退回到与 A' 点 X 轴绝对坐标相同的位置。

（6）如果 Z 轴再次进刀（$\Delta d+e$）后，移动的终点仍在 A' 点→B' 点的连线中间（未达到或超出 B' 点），Z 轴再次进刀（$\Delta d+e$），然后执行步骤（3），如果 Z 轴再次进刀（$\Delta d+e$）后，移动的终点到达 B' 点或超出了 A' 点→B' 点的连线，Z 轴进刀至 B' 点，然后执行步骤（7）。

（7）沿粗车轮廓从 B' 点切削进给至 C' 点。

（8）从 C' 点快速移动到 A 点，G72 循环执行结束，程序跳转到 nf 程序段的下一个程序段执行。

注意事项：

（1）ns～nf 程序段必须紧跟在 G72 程序段后编写。

（2）ns～nf 之间的程序段是精车的程序段，对 G72 粗车循环而言，它只起计算运行轨迹的作用，对 G70 而言，它才是实际的运行轨迹。因此，它与 G71 程序段有各自不同的 F、S、T 指令。

（3）ns 程序段只能是不含 $X(U)$ 指令字的 G00、G01 指令。

（4）ns～nf 之间的程序段轨迹，必须是单调变化（即 X 轴、Z 轴的尺寸一直增大或一直减小，而不能是波浪形的）。

（5）ns～nf 程序段中，只能有下列 G 功能：G00～G04、G96～G99、G40～G42，而不能有子程序调用和其他循环。

(6) 在执行 G72 粗车循环时，G96～G99、G40～G42 指令无效。而执行 G70 时有效。

(7) 在 G72 指令执行过程中，一般不要停止自动运行。如果一旦停止，当再次执行 G72 循环时，就必须返回到停止时的位置；否则后面的运行轨迹将错位。

(8) 运行中如果执行了进给保持、单程序段操作，则在运行完当前轨迹的终点后程序暂停。

(9) Δd，Δw 都用同一地址字 W，其区分是有 P、Q 指令的是 Δw，用在精车段；而无 P、Q 指令的是 Δd，用在粗车段。

(10) 在 MDI 状态下（录入方式）不能使用 G72 指令。

(11) 在同一程序中，需要多次使用循环指令时，*ns*～*nf* 不允许有相同的程序段号。

特别提示：

ns 程序段不能含 X(U) 指令字的原因与 G71 的 *ns* 程序段不能含 Z(W) 指令字的原因相同。

留精车余量时坐标偏移方向：Δu、Δw 反映了精车时，坐标的偏移和切入方向，按 Δu、Δw 的符号有 4 种不同组合，如图 2-6-5 所示，图中 A 为起刀点，B—C 为精车轨迹，B'—C' 为粗车轮廓。

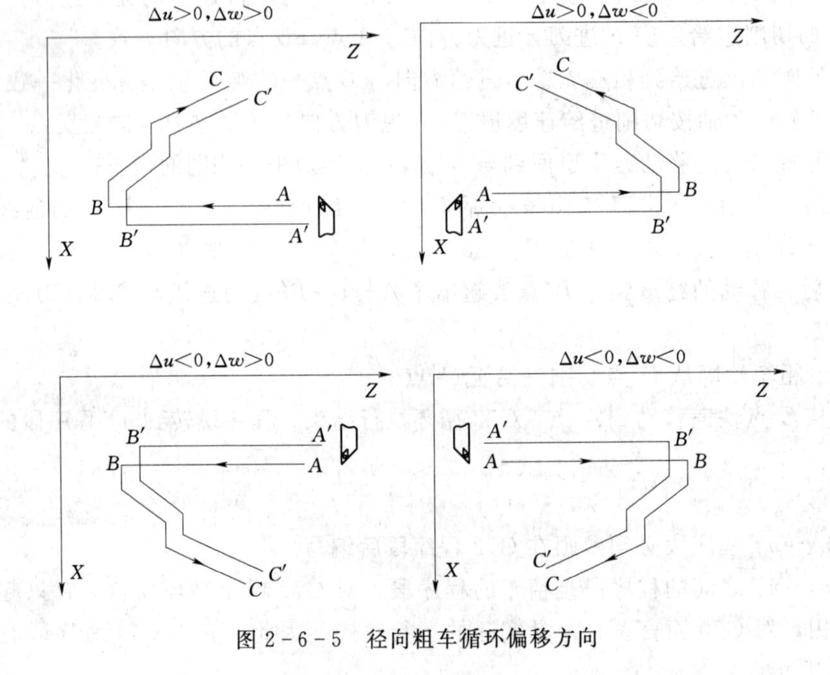

图 2-6-5　径向粗车循环偏移方向

工件如图 2-6-6 所示，有毛坯为 ϕ50mm，要求对工件进行粗车加工，并在径向轴面留有 0.5mm，轴向上留有 0.05 的精加工余量，刀具使用 2 号刀位上的径向车刀，使用 2 号刀具偏置，限制吃刀 5mm，不要求切断。

```
O0021
G98M03S600T0202
```

```
G00X54Z2
G72W4R1F100
G72P10Q20U0.5W0.05
N10G00Z-15
G01X50
G03X15W5R50
G01Z-2
X11Z0
N20X0
G00X100Z100
M05
M30
```

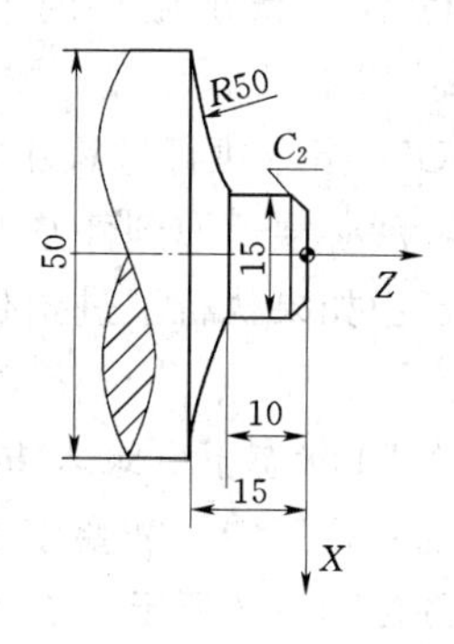

图 2-6-6 工件图（19）

通过此题大家会发现，G72 与 G71 在描述程序中，X、Z 的描述方向相反。还要注意到，在程序中圆弧使用的是 G03，再次强调圆弧插补方向的确定方法十分重要。

三、精车循环

指令格式：G70 P(ns)Q(nf)

指令功能：刀具从起点位置沿段号 $ns \sim nf$ 的程序段给出的工件精加工轨迹进行精加工。单次完成精加工余量的切削。

用于 G71、G72、G73 进行粗加工之后，用 G70 进行精车。G70 循环结束时，刀具返回到起点并执行 G70 程序段后的下一个程序段。

显然，本指令是用于和 G71、G72、G73 相配合的精车部分。

执行 G70 指令，其轨迹是用 $ns \sim nf$ 程序段的编程轨迹决定的。所以，必须按固定的格式和顺序编写，即：先写 G71、G72、G73 指令，再写 $ns \sim nf$ 轨迹程序段，最后只写 G70 指令。书写顺序如下：

```
..................;
G71/G72/G73.......;
N(ns).............;
..................;
......F;
......S;
N(nf)............;
G70 P(ns)Q(nf)..;
........;
```

指令说明：G70 为非模态 G 指令。

ns 为精车轨迹的第一个程序段的程序段号。

nf 为精车轨迹的最后一个程序段的程序段号。

注意事项：

（1）G70 必须紧跟在 $ns \sim nf$ 程序段后编写。

（2）执行 G70 精车循环时，$ns \sim nf$ 之间程序段中的 F、S、T 指令有效。

（3）执行 G70 精车循环时，$ns \sim nf$ 程序段中，下列 G 功能：G00～G04、G96～G99、G40～G42 有效。

（4）在 G70 指令执行过程中，一般不要停止自动运行。如果一旦停止，当再次执行 G70 循环时，就必须返回到停止时的位置；否则后面的运行轨迹将错位。

（5）运行中如果执行了进给保持、单程序段操作，则在运行完当前轨迹的终点后程序暂停。

（6）在 MDI 状态下（录入方式）不能使用 G70 指令。

（7）在同一程序中，需要多次使用循环指令时，$ns \sim nf$ 不允许有相同的程序段号。

工件如图 2-6-7 所示，有毛坯为 ϕ50mm，粗车时刀具使用 1 号刀位上的外圆粗车刀，使用 1 号刀具偏置，精车时刀具使用 2 号刀位上的外圆精车刀，使用 2 号刀具偏置，不要求切断。

```
O0022
G98M03S600T0101
G00X54Z2
G71U3R1F100
G71P10Q20U0.5W0.05
N10G00X20
G01Z0
G03X30W－5R5
G01X40W－10
G02X50Z－20R5
N20G01X52
G00X100Z100
S1200T0202
G00X54Z2
G70P10Q20F50
G00X100Z100
M05
M30
```

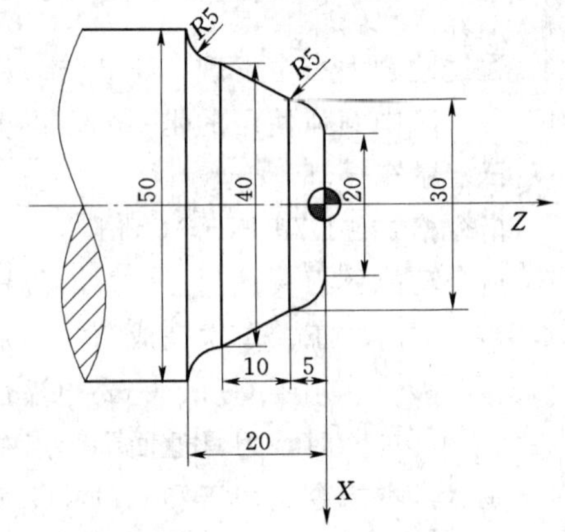

图 2-6-7　工件图（20）

在粗车完成后，G00X100Z100 是把刀退至安全地点，紧接着执行 S1200T0202，提高主轴转数，为精车做准备，再进行换刀，再进行精车定刀。在这里要注意，G00 与 T 不可以在同一程序行书写，否则在刀具运动的同时进行换刀，这个操作过程是非常危险的，切记。

四、成形毛坯的粗车

在实际生产中，为了减少加工材料的消耗，减少刀具、机床的损耗，提高生产效率，有时会在加工中采用成形毛坯来进行加工。前面介绍了 G71 与 G72 粗车，但对于成形毛坯，它们并不适合。最根本的原因在于成形毛坯加工量小，如果采用 G71 与 G72 进行粗车，空刀的走刀路线比较多，加工效率低。下面介绍一条适用于成形毛坯粗车的指令。

指令格式：G73 U(Δi) W(Δk)R(d)_F_S_T_；　　　　(1)
G73 P(ns)Q(nf)U(Δu)W(Δw)；　　　　(2)
N(ns)………；
……………；
……F；　　　　(3)
……S；
……
N(nf)………；

指令功能：系统根据精车余量、粗车总切削量（退刀量）、切削次数等数据自动计算粗车偏移量、粗车的单次进刀量和粗车轨迹，每次切削的轨迹都是精车轨迹的偏移，切削轨迹逐步靠近精车轨迹，最后一次切削轨迹为按精车余量偏移的精车轨迹。G73 的起点和终点相同。

显然，本指令非常适用于进行成形粗车。

执行 G73 指令，分为三部分：

(1) 为给定粗车时的总切削量（退刀量）、切削次数和切削速度、主轴转速、刀具功能的程序段。

(2) 为给定定义精车轨迹的程序段区间、精车余量的程序段。

(3) 编写精车轨迹的程序段。

所编写的精车轨迹程序段，在粗车循环中用作确定粗车循环的轨迹。同时，真正精车时，只给出 G70 指令，不用再编写移动轨迹的指令，而是使用此区段的轨迹。

指令说明：G73 为非模态 G 指令。

Δi 为 X 轴粗车时的总切削量，取值范围为－9999.999～9999.999（单位为 mm，半径值），有符号，其方向与 X 轴切削的方向相反，当 Δi 为正时，粗车时向 X 轴的负方向切削。Δi 执行后，指令值保持。如果没输入 Δi 值，则以参数 NO.53 的值作为总退刀量。

Δk 为粗车时 Z 轴的总切削量，取值范围为－9999.999～9999.999（单位为 mm），有符号，其方向与 Z 轴切削的方向相反。当 Δk 为正时，粗车时向 Z 轴的负方向切削，Δk 执行后，指令值保持。如果没输入 Δk 值，则以参数 NO.54 的值作为总退刀量。

d 为切削次数，取值范围为 1～9999（单位为次）。设定多少次切削循环来完成 G73 封闭切削削环。$R(d)$ 指令执行后，指令值保持。如果没输入 d 值，则以参数 NO.55 的值作为切削次数。

ns 为精车轨迹的第一个程序段的程序段号。

nf 为精车轨迹的最后一个程序段的程序段号。

Δu 为 X 轴的精加工余量，取值范围为－99.999～99.999（单位为 mm，直径值），有符号，最后一次粗车轨迹相对于精车轨迹的 X 轴坐标偏移。$\Delta u>0$，最后一次粗车轨迹相对于精车轨迹向 X 轴的正方向偏移。$U(\Delta u)$ 未输入时，系统按 $\Delta u=0$ 处理，即：粗车循环 X 轴不留精加工余量。

Δw 为 Z 轴的精加工余量，取值范围为 $-99.999\sim99.999$（单位为 mm），有符号，最后一次粗车轨迹相对于精车轨迹的 Z 轴坐标偏移。$\Delta w>0$，最后一次粗车轨迹相对于精车轨迹向 Z 轴的正方向偏移。$W(\Delta w)$ 未输入时，系统按 $\Delta w=0$ 处理，即粗车循环 Z 轴不留精加工余量。

F 为切削进给速度。

S 为主轴转速。

T 为刀具号、刀具偏置号。

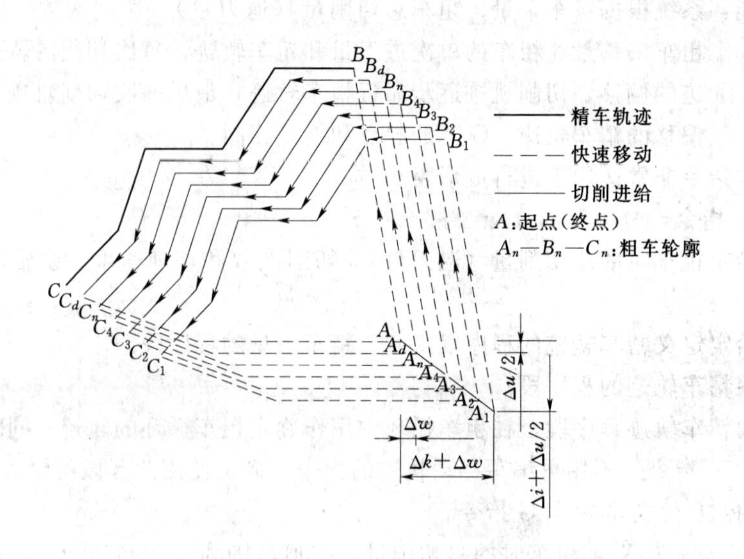

图 2-6-8　封闭切削循环轨迹图

循环指令执行过程（如图 2-6-8 所示）：

（1）从起点 A 快速移动到 A_1 点，X 轴移动 $\Delta i+\Delta u/2$，Z 轴移动 $\Delta k+\Delta w$。

（2）第一次粗车，$A_1\rightarrow B_1\rightarrow C_1$。

$A_1\rightarrow B_1$ 段的移动取决于 ns 程序段。如果是 G0，按快速移动速度移动，如果是 G1，按 G73 的切削进给速度 F 进刀，进刀方向与 A 点→B 点的方向一致。

$B_1\rightarrow C_1$ 段是切削进给。

$C_1\rightarrow A_2$ 段是快退。

（3）第二次粗车，$A_2\rightarrow B_2\rightarrow C_2$。

$A_2\rightarrow B_2$ 段的移动取决于 ns 程序段。如果是 G0，按快速移动速度移动，如果是 G1，按 G73 的切削进给速度 F 进刀，进刀方向与 A 点→B 点的方向一致。

$B_2\rightarrow C_2$ 段是切削进给。

$C_2\rightarrow A_3$ 段是快退。

（4）第 n 次粗车，$A_n\rightarrow B_n\rightarrow C_n$。

$A_n\rightarrow B_n$ 段的移动取决于 ns 程序段。如果是 G0，按快速移动速度移动，如果是 G1，按 G73 的切削进给速度 F 进刀，进刀方向与 A 点→B 点的方向一致。

$B_n \to C_n$ 段是切削进给。

$C_n \to A_{n+1}$ 段是快退。

（5）最后一次粗车，$A_d \to B_d \to C_d$。

$A_d \to B_d$ 段的移动取决于 *ns* 程序段。如果是 G0，按快速移动速度移动，如果是 G1，按 G73 的切削进给速度 *F* 进刀，进刀方向与 *A* 点→*B* 点的方向一致。

$B_d \to C_d$ 段是切削进给。

$C_d \to A$ 段是快退。

注意事项：

（1）*ns*～*nf* 程序段必须紧跟在 G73 程序段后编写。

（2）*ns*～*nf* 之间的程序段是精车的程序段，对 G73 粗车循环而言，它只起计算运行轨迹的作用，对 G70 而言，它才是实际的运行轨迹。因此，它与 G71 程序段有各自不同的 F、S、T 指令。

（3）*ns* 程序段只能是 G00、G01、G02、G03 指令。

（4）*ns*～*nf* 程序段中，只能有下列 G 功能：G00～G04、G96～G99、G40～G42，而不能有了程序调用和其他循环。

（5）在执行 G73 粗车循环时，G96～G99，G40～G42 指令无效，而执行 G70 时有效。

（6）在 G73 指令执行过程中，一般不要停止自动运行。如果一旦停止，当再次执行 G73 循环时，就必须返回到停止时的位置；否则后面的运行轨迹将错位。

（7）运行中如果执行了进给保持、单程序段操作，则在运行完当前轨迹的终点后程序暂停。

（8）Δi、Δu 都用同一地址字 U，Δk、Δw 都用同一地址字 W，其区分是有 P、Q 指令的是 Δu、Δw，用在精车段；而无 P、Q 指令的是 Δi、Δk，用在粗车段。

（9）在 MDI 状态下（录入方式）不能使用 G73 指令。

（10）在同一程序中，需要多次使用循环指令时，*ns*～*nf* 不允许有相同的程序段号。

留精车余量时坐标偏移方向：Δi、Δk 反映了粗车时坐标偏移和切入方向，Δu、Δw 反映了精车时坐标偏移和切入方向。Δi、Δk、Δu、Δw 可以有多种组合。通常 Δi、Δu 符号一致，Δk、Δw 的符号一致。常用的有四种组合，如图 2-6-9 所示，图中 *B*—*C* 为工件轮廓，*B′*—*C′* 为粗车轮廓，*B″*—*C″* 为精车轨迹，*A* 为起刀点。

如图 2-6-10 所示，图 2-6-10（a）为成形毛坯，图 2-6-10（b）为工件图纸，粗车时刀具使用 1 号刀位上的外圆粗车刀，使用 1 号刀具偏置，精车时刀具使用 2 号刀位上的外圆精车刀，使用 2 号刀具偏置，不要求切断。

```
O0023
G98M03S600T0101
G00X54Z2
G73U4W0.02R3F100
G73P10Q20U0.5W0.05
N10G00X20
```

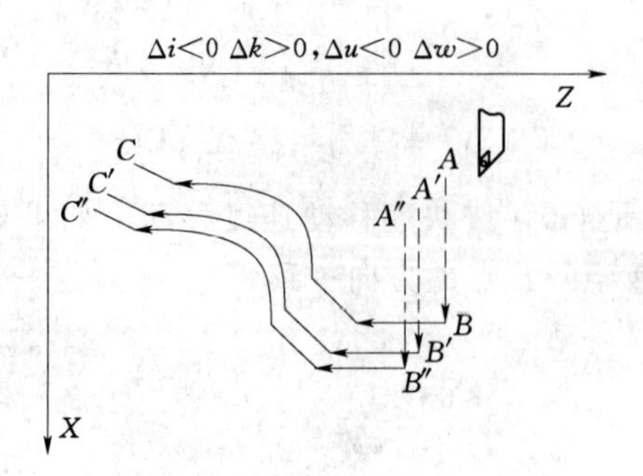

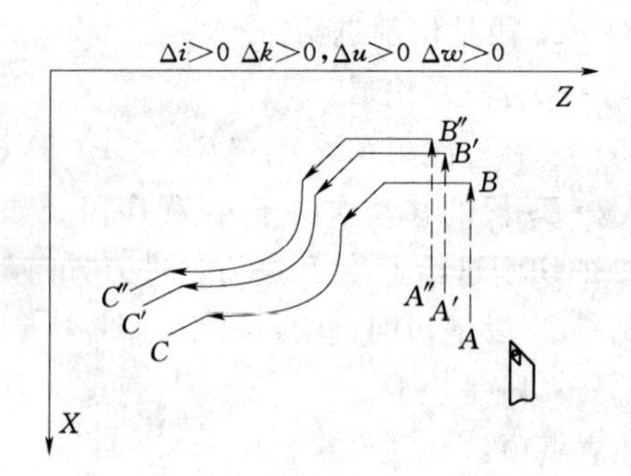

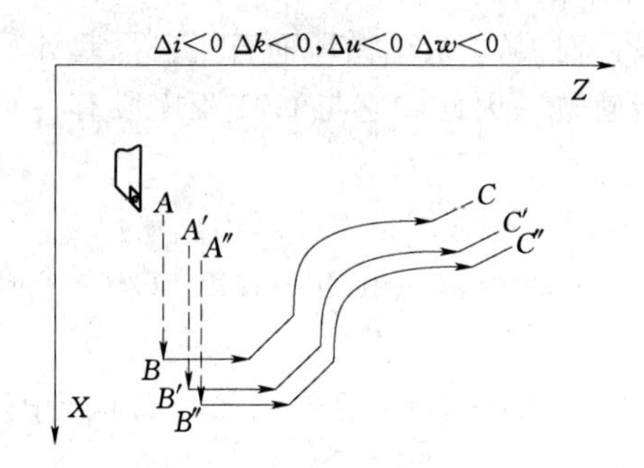

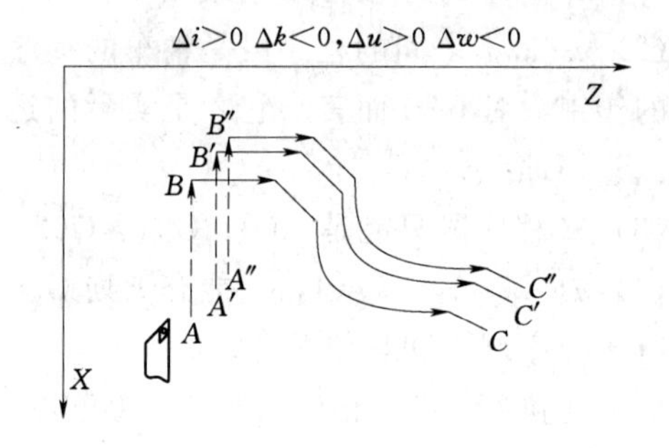

图 2-6-9　封闭切削循环偏移方向

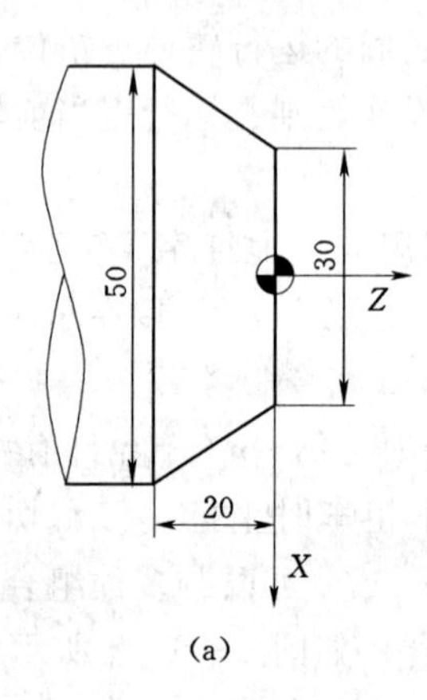

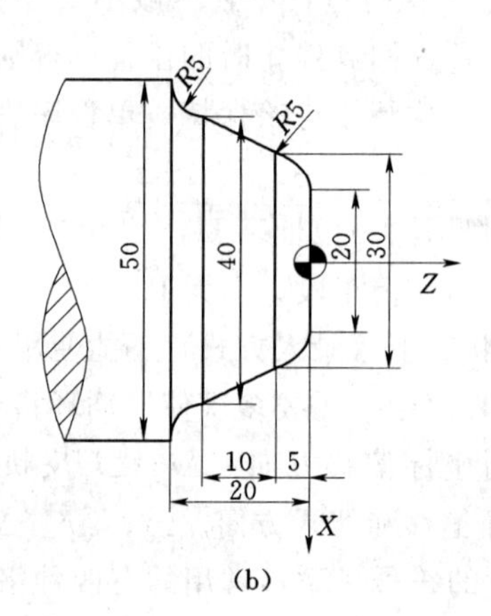

图 2-6-10　工件图（21）

```
G01Z0
G03X30W-5R5
G01X40W-10
G02X50Z-20R5
N20G01X52
G00X100Z100
S1200T0202
G00X54Z2
G70P10Q20F50
```

```
G00X100Z100
M05
M30
```

程序第4行，G73U4W0.02R3F100中U4的确定是要略小于最大径差（半径），否则G73在第一刀的车削时容易出现空刀，本题中最大径差是5mm（30/2－20/2，半径值），所以取4mm。

五、径向槽的车削

前面用G00与G01车削过槽，但我们练习的槽宽度都不是很宽，如果要车削很宽的槽，还采用G00与G01编写的话，就要时刻注意坐标的正确与否，这给我们带来了很大困难。下面介绍一条指令，让大家轻轻松松秒杀大宽槽。

指令格式：G75 R(e)；

G75 X(U)__ Z(W)__ P(Δi)Q(Δk)R(Δd)F __；

指令功能：从起点径向进给、回退、再进给、再回退直至切削到与切削终点 X 坐标相同的位置，然后轴向退刀，径向回退至与起点 X 坐标相同的位置，这是一次径向切削循环。轴向再次进刀后，进行下一次径向切削循环。切削到终点后，返回到起点，径向切槽复合循环完成。G75的轴向进刀和径向进刀的方向，由切削终点坐标 $X(U)$、$Z(W)$ 与起点的相对位置决定。

本指令用于在工件径向切槽或圆柱面。径向断续切削起到断屑、及时排屑的作用。

指令说明：G75为非模态G指令。

$R(e)$ 为每次径向（X 轴）进刀后的退刀量，取值范围为0～99.999（单位为mm），无符号，退刀方向与进刀方向相反。$R(e)$ 执行后，指令值保持。如果没输入 $R(e)$ 值，则以参数NO.56的值作为退刀量。

$X(U)$ 为切削终点的 X 轴绝对坐标值（相对坐标值）（单位为mm）。

$Z(W)$ 为切削终点的 Z 轴绝对坐标值（相对坐标值）（单位为mm）。

$P(\Delta i)$ 为径向（X 轴）进刀时，X 轴断续进刀的进刀量，取值范围为1～999999（单位为0.001mm，半径值），无符号。

$Q(\Delta k)$ 为单次径向切削循环的轴向（Z 轴）进刀量，取值范围为1～999999（单位为0.001mm），无符号。

$R(\Delta d)$ 为切削至径向切削终点后，轴向（Z 轴）的退刀量，取值范围为0～99.999（单位为mm），无符号。$R(\Delta d)$ 未输入时，系统按 $\Delta d=0$ 处理，即：轴向 Z 轴的退刀量为0。

省略 $Z(W)$ 和 $Q(\Delta k)$，默认往正方向退刀。

F 为切削进给速度。

循环指令过程（图2－6－11）：

（1）径向切削循环起点 A，径向（X 轴）切削进给 Δi，切削终点 X 轴坐标小于起点 X 轴坐标时，向 X 轴负向进给，反之则向 X 轴正向进给。

（2）径向（X 轴）快速退刀 e，退刀方向与（1）进给方向相反。

（3）如果 X 轴再次切削进给（$\Delta i+e$），进给终点仍在径向切削循环起点 A 与径向进

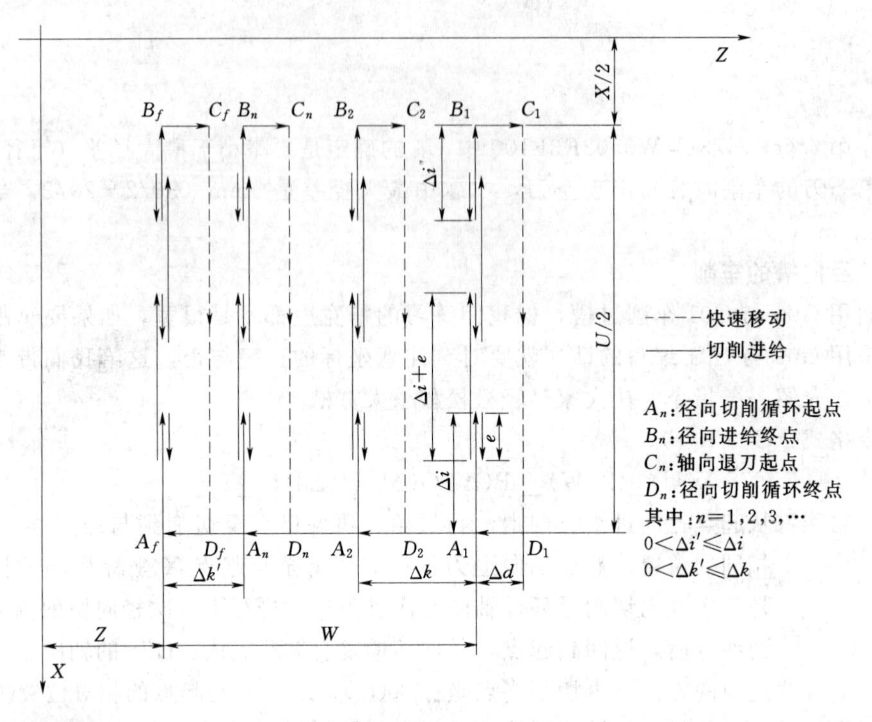

图 2-6-11 径向且槽多重循环轨迹图

刀终点 B 之间，则重复执行步骤（2）和（3），直到 X 轴切削进给到 B 点。

（4）轴向（Z 轴）快速退刀 Δd 至 C 点。

（5）径向（X 轴）快速退刀至 D 点，第 n 次径向切削循环结束。如果当前不是最后一次径向切削循环，执行步骤（6）。如果当前是最后一次径向切削循环，执行步骤（7）。

（6）轴向（Z 轴）快速进刀（$\Delta d+\Delta i$），然后重复下一次轴向切削循环，直至达到尺寸，完成最后一次轴向切削循环，执行步骤 7。

（7）Z 轴快速返回到起点 A，G75 指令执行结束。

特别提示：最后一次径向（X 轴）快速进刀（$\Delta d+\Delta i$）不一定和剩余切削余量相等，如果剩余切削余量小于（$\Delta d+\Delta i$），则自动按剩余切削余量进刀，完成最后一次轴向切削循环，执行步骤 7。

注意事项：

（1）切削循环由两个程序段组成，如果仅执行 G75$R(e)$ 段，循环不进行。

（2）Δd 和 e 都使用同一地址 R，其区别是 e 程序段无 $P(\Delta i)$ 和 $Q(\Delta k)$ 指令字。

（3）在 G75 指令执行过程中，一般不要停止自动运行。如果一旦停止，当再次执行 G75 循环时，就必须返回到停止时的位置；否则后面的运行轨迹将错位。

（4）运行中如果执行了进给保持、单程序段操作，则在运行完当前轨迹的终点后程序暂停。

进行切槽切削时，必须省略 $R(\Delta d)$ 指令字，因在切削至径向切削终点时，槽无退刀距离。

如图 2-6-12 所示，外圆车削完毕，现对工件进行槽车削加工，使用 3 号刀位上的

外圆槽车刀，刀宽 5mm，使用 3 号刀具偏置，不要求切断。

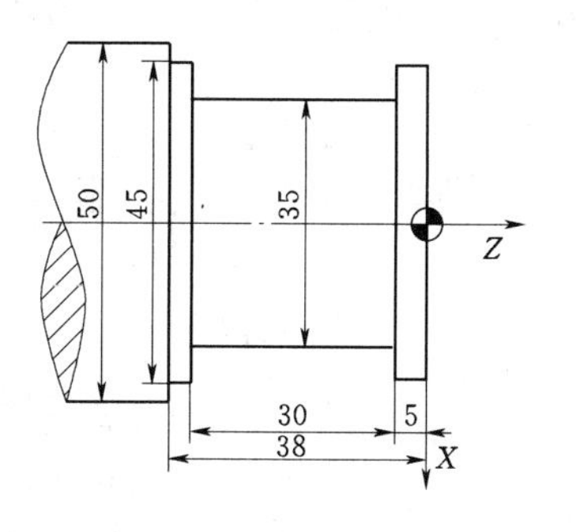

图 2-6-12　工件图（22）

```
O0024
G98M03S600T0303
G00X48Z-10
G75R1F60
G75X35Z-35P5000Q4000
G00X100Z100
M05
M30
```

在车槽前的定刀中，Z 值加上了刀宽 5mm，所以为 $Z-10$。G75 中的 Q 值是刀具槽外的偏移量，要小于刀具宽度。再次提醒，使用 G75 切槽时要省略 $R(\Delta d)$。

六、端面槽的车削

指令格式：G74 R(e)；

G74 X(U)__ Z(W)__ P(Δi)Q(Δk)R(Δd)F __；

指令功能：从起点轴向进给、回退、再进给、再回退直至切削到与切削终点 Z 坐标相同的位置，然后径向退刀，轴向回退至与起点 Z 坐标相同的位置，这是一次轴向切削循环。径向再次进刀后，进行下一次轴向切削循环。切削到终点后，返回到起点，轴向切槽复合循环完成。G74 的径向进刀和轴向进刀的方向由切削终点坐标 $X(U)$、$Z(W)$ 与起点的相对位置决定。

本指令用于在工件端面切环形槽或中心深孔。轴向断续切削起到断屑、及时排屑的作用。

指令说明：G74 为非模态 G 指令。

$R(e)$ 为每次轴向（Z 轴）进刀后的退刀量，取值范围为 0～99.999（单位为 mm），无符号，退刀方向与进刀方向相反。$R(e)$ 执行后，指令值保持。如果没输入 $R(e)$ 值，则以参数 NO. 56 的值作为退刀量。

$X(U)$ 为切削终点的 X 轴绝对坐标值（相对坐标值）（单位为 mm）。

$Z(W)$ 为切削终点的 Z 轴绝对坐标值（相对坐标值）（单位为 mm）。

$P(\Delta i)$ 为单次轴向切削循环时的径向（X 轴）切削量，取值范围为 1～999999（单位为 0.001mm，半径值），无符号。

$Q(\Delta k)$ 为 Z 轴轴向切削时的 Z 轴断续进刀的进刀量，取值范围为 1～999999（单位为 0.001mm），无符号。

$R(\Delta d)$ 为切削至轴向切削终点后径向 X 轴的退刀量，取值范围为 0～99.999（单位为 mm 半径值），无符号。$R(\Delta d)$ 未输入时，系统按 $\Delta d=0$ 处理，即：径向 X 轴的退刀量为 0。

如果省略 $X(U)$ 和 $P(\Delta i)$，默认往正方向退刀。

F 为切削进给速度。

循环指令过程（如图 2-6-13 所示）：

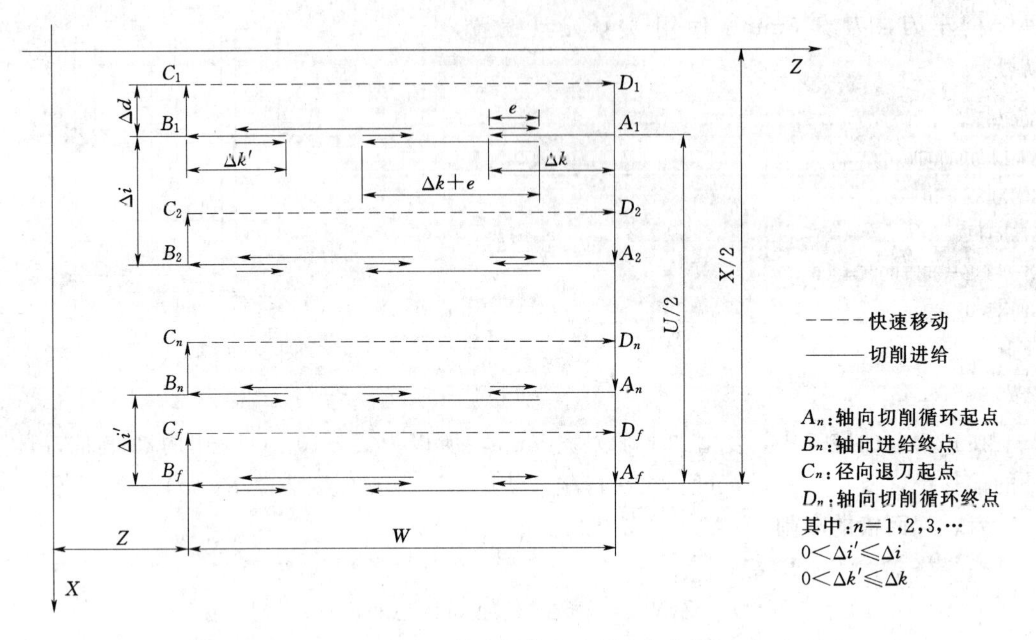

图 2-6-13　轴向切槽多重循环轨迹图

(1) 从轴向切削循环起点 A，轴向（Z 轴）切削进给 Δk，切削终点 Z 轴坐标小于起点 Z 轴坐标时，向 Z 轴负向进给，反之则向 Z 轴正向进给。

(2) 轴向（Z 轴）快速退刀 e，退到方向与步骤（1）进给方向相反。

(3) 如果 Z 轴再次切削进给（$\Delta k+e$），进给终点仍在轴向切削循环起点 A 与轴向进刀终点 B_1 之间，则重复执行步骤（2）和（3），直到 Z 轴切削进给到 B_1 点。

(4) 径向（X 轴）快速退刀 Δd（半径值）至 C_1 点。

(5) 轴向（Z 轴）快速退刀至 D_1 点，第 1 次轴向切削循环结束。如果当前不是最后一次轴向切削循环，执行步骤（6）；如果当前是最后一次轴向切削循环，执行步骤（7）。

(6) 径向（X 轴）快速进刀（$\Delta d+\Delta i$），然后重复下一次轴向切削循环，直至达到尺寸，完成最后一次轴向切削循环，执行步骤（7）。

(7) X 轴快速返回到起点 A，G74 指令执行结束。

特别提示：

(1) 最后一次径向（X 轴）快速进刀（$\Delta d+\Delta i$）不一定和剩余切削余量相等，如果剩余切削余量小于（$\Delta d+\Delta i$），则自动按剩余切削余量进刀，完成最后一次轴向切削循环，执行步骤（7）。

(2) 径向 X 轴的退刀量 $R(\Delta d)$ 是否为 0 取决于工件毛坯。对于棒料切槽，必须无径向 X 轴退刀，否则会打刀。对于已有槽形的工件毛坯，当然要有径向 X 轴的退刀量 R（Δd）较为合理。

注意事项：

(1) 切削循环由两个程序段组成，如果仅执行 G74$R(e)$ 段，循环不进行。

(2) Δd 和 e 都使用同一地址 R，其区别是 e 程序段无 $P(\Delta i)$ 和 $Q(\Delta k)$ 指令字。

(3) 在 G74 指令执行过程中，一般不要停止自动运行。如果一旦停止，当再次执行 G74 循环时，就必须返回到停止时的位置；否则后面的运行轨迹将错位。

(4) 运行中如果执行了进给保持、单程序段操作，则在运行完当前轨迹的终点后程序暂停。

(5) 进行盲孔切削时，必须省略 $R(\Delta d)$ 指令字，因为在切削至轴向切削终点无退刀距离。

如图 2－6－14 所示，对工件进行轴向槽车削加工，使用 4 号刀位上的外圆槽车刀，刀宽 5mm，使用 4 号刀具偏置，不要求切断。

```
O0025
G98M03S600T0404
G00X38Z2
G74R1F60
G74X40Z－5P4000Q4000
G00X100Z100
M05
M30
```

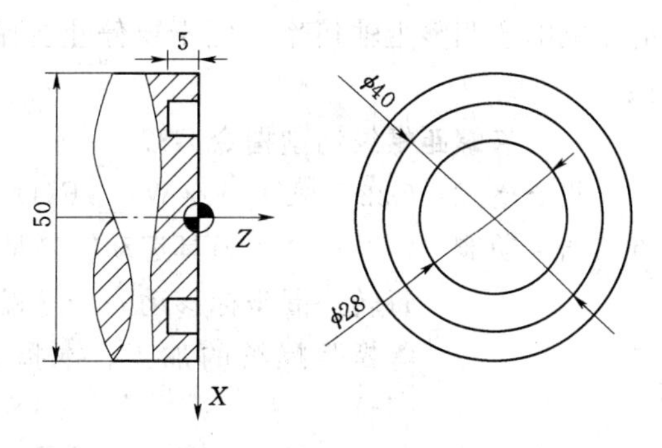

图 2－6－14　工件图 (23)

此题以刀具左刀尖为基准，如图 2－6－15 所示，定刀 $X38Z2$，距终点 X 尺寸半径上只相差 1mm。在 G74 中，P 参数要小于刀具宽度，这与 G75 一样。

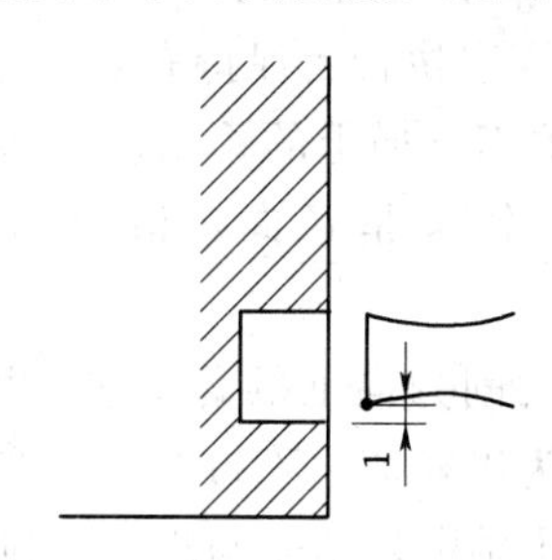

图 2－6－15　工件加工解析图 (24)

模块七　螺　纹　车　削

螺纹切削是车削加工中非常重要的一步工序，GSK980TD 系统定义的螺纹功能包括：

(1) 等螺距螺纹切削指令 G32。

(2) 变螺距螺纹切削指令 G34。

(3) 攻丝循环指令 G33。

(4) 螺纹固定循环切削指令 G92。

(5) 螺纹多重循环切削指令 G76。

上述功能是系统所能实现的功能，并不是所有数控车床都具有这些功能，操作者必须参阅机床说明书。比如，机床必须安装主轴编码器才能切削螺纹，没有装主轴编码器的机床不可能加工螺纹。再比如，任意锥度的锥螺纹加工必须配备相应的专用工装或专用刀具。当然，考虑到变螺距螺纹比较少见，本书将简略叙述这一部分的加工条件，请对此有兴趣的读者自行参阅有关资料。

螺纹切削有公制和英制之分，举例以公制为主；有单头和多头之分，举例以单头为主；螺纹有退尾和无退尾之分，举例以有退尾为主。

螺纹切削在操作上也有特殊之处。由于进给轴的移动速度与主轴转速有关，所以切削时不能随意调整主轴倍率，更不要停止主轴；否则主轴的突然停止将导致刀具和工具的损坏。

一、等螺距螺纹切削指令 G32

指令格式：G32 X(U)__ Z(W)__ F(I)__ J __ K __ Q __；

指令功能：G32 指令的刀具运动轨迹是从起点到终点的一条直线，切削工件时，主轴每转一圈坐标移动一个导程，在工件表面形成一条等螺距的螺旋槽，实现等螺距螺纹的加工。本指令用于加工等螺距的直螺纹、锥螺纹和端面螺纹。

指令说明：G32 为模态 G 指令。

X(*U*) 为切削终点的 *X* 轴绝对坐标值（相对坐标值）（单位为 mm）。

Z(*W*) 为切削终点的 *Z* 轴绝对坐标值（相对坐标值）（单位为 mm）。

F(*I*) 为公制（英制）螺纹螺距，是主轴转一圈坐标的移动量（英制为每英寸螺纹的牙数），取值范围为 0.001～500mm（英制为 0.06～25400 牙/英寸），*F*(*I*) 指令字执行后保持有效，直至再次执行给定指令字。

J 为螺纹退尾时退刀方向上的移动量，即退尾量，取值范围为－9999.999～9999.999mm。如果是径向，该值为半径值。带正负方向，是模态参数。

K 为螺纹退尾时切削方向上的移动量，取值范围为 0～9999.999mm。如果是径向，该值为半径值。不带方向，是模态参数。

Q 为起始角，指主轴一转信号与螺纹切削起点的偏移角度。取值范围为 0～360000（单位为 0.001°），非模态参数，如果不指定，则默认为 0°。

特别提示：

(1) 在螺纹加工中，引入了长轴和短轴的概念。定义从起点到终点位移量较大的坐标为长轴，位移量较小的为短轴。对直螺纹和小于 45°的锥螺纹，可以理解为长轴是切削方向上的移动量，而短轴是退刀方向。对大于 45°的锥螺纹和端面螺纹，则恰恰相反，长轴是退刀方向，而短轴是切削方向。

(2) 起始角 *Q* 在单头螺纹中默认为 0，单位是 0.001°。多头螺纹切削中必须给出 *Q* 值，双头输入 180000，三头输入 120000，其余类推。多头螺纹比较少见。

图 2-7-1 给出了 G32 加工锥螺纹时的轨迹图，图 2-7-1 (a) 为无退尾，图 2-7-1 (b) 为有退尾的情况。

注意事项：

(1) *J*、*K* 是模态指令，在执行非螺纹切削指令时才取消 *J*、*K* 的模态。

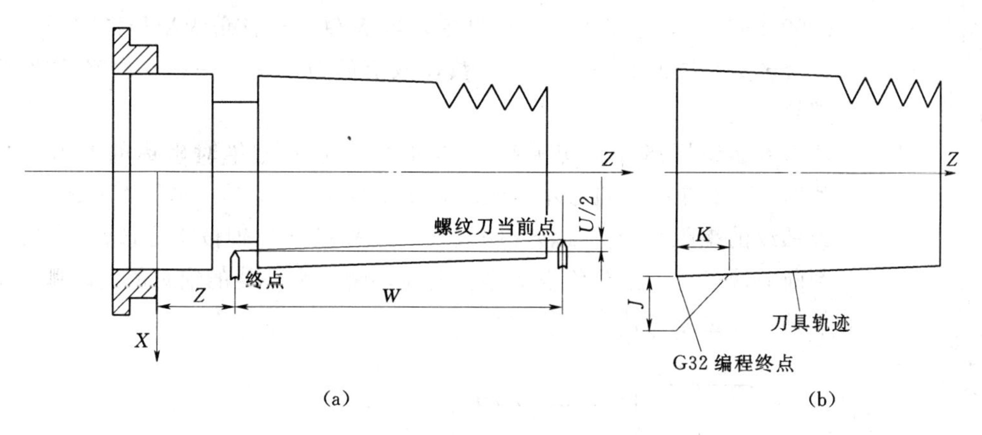

图 2-7-1　G32 锥螺纹时的轨迹图

(2) 只要省略 J 或 $J=0$ 时就是无退尾，而不管 K 如何。

(3) 当 $J\neq0$ 时，$K=0$ 或省略 K 按 $J=K$ 退尾。

(4) 运行中如果执行了进给保持、单程序段操作，则在运行完当前程序段后程序暂停。

(5) 系统复位、急停或驱动报警时，螺纹切削减速停止。

二、螺纹切削循环指令 G92

指令格式：G92 X(U)__ Z(W)__ F __ J __ K __ L __；(公制直螺纹切削循环)

G92 X(U)__ Z(W)__ I __ J __ K __ L __；(英制直螺纹切削循环)

G92 X(U)__ Z(W)__ R __ F __ J __ K __ L __；(公制锥螺纹切削循环)

G92 X(U)__ Z(W)__ R __ I __ J __ K __ L __；(英制锥螺纹切削循环)

指令功能：从切削点开始进行径向（X 轴）进刀，轴向（Z 轴或 X、Z 轴同时）切削，实现等螺距的直螺纹，锥螺纹切削循环。

执行 G92 指令，在螺纹加工末端有螺纹退尾过程：在距离螺纹切削终点固定长度（称为螺纹的退尾长度）处，在 Z 轴继续进行螺纹插补的同时，X 轴沿退刀方向指数或线性（由参数设置）加速退出，Z 轴到达切削终点后，X 轴再以快速退出。

指令说明：G92 为模态 G 指令。

$X(U)$ 为切削终点 X 轴的绝对坐标值（终点与起点的差值），单位为 mm。

$Z(W)$ 为切削终点 Z 轴的绝对坐标值（终点与起点的差值），单位为 mm。

F 为公制螺纹导程，取值范围为 0.001～500mm，F 指令值执行后保持，可省略输入。

I 为英制螺纹每英寸牙数，取值范围为 0.06～25400 牙/英寸，I 指令值执行后保持，可省略输入。

J 为螺纹退尾时在短轴方向的移动量，模态参数，取值范围为 0～9999.999mm，不带方向（根据程序起点位置自动确定退尾方向），如果短轴是 X 轴，则该值为半径指定。

K 为螺纹退尾时在长轴方向的长度，模态参数，取值范围为 0～

9999.999mm，不带方向，如果短轴是 X 轴，则该值为半径指定。

L 为多头螺纹的头数，模态参数，该值的范围为 1～99。省略 L 为单头螺纹。

R 为锥螺纹用指令，切削起点与切削终点 X 轴绝对坐标的差值（半径值），当 R 与 U 的符号不一致时，要求 $|R| \leqslant |U/2|$，单位为 mm。

锥螺纹的螺距是指主轴转一圈长轴的位移量（X 轴按半径值）。长短轴的判断方法是：起点到终点的坐标差值，哪一个差值的绝对值大，哪一个是长轴，差值绝对值小的是短轴。

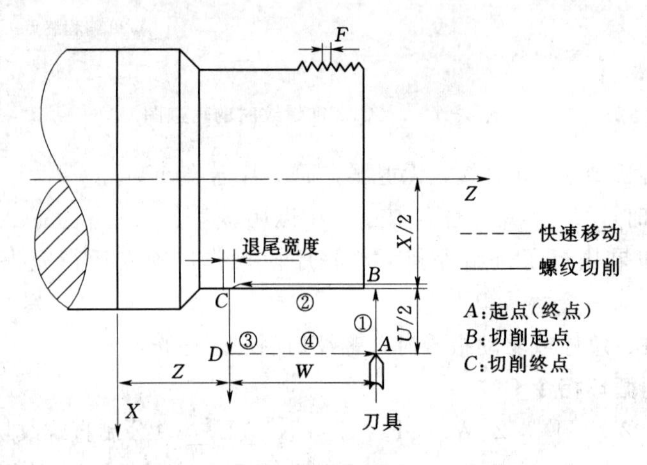

图 2-7-2　直螺纹循环示意图

循环过程（直螺纹如图 2-7-2 所示，锥螺纹如图 2-7-3 所示）：

（1）X 轴从起点快速移动到切削起点（$A \to B$）。

（2）从切削起点螺纹插补切削到切削终点（$B \to C$）。

（3）X 轴以快速退刀，返回到 X 轴绝对坐标与起点相同处（$C \to D$）。

（4）Z 轴快速移动返回到起点，循环结束（$D \to A$）。

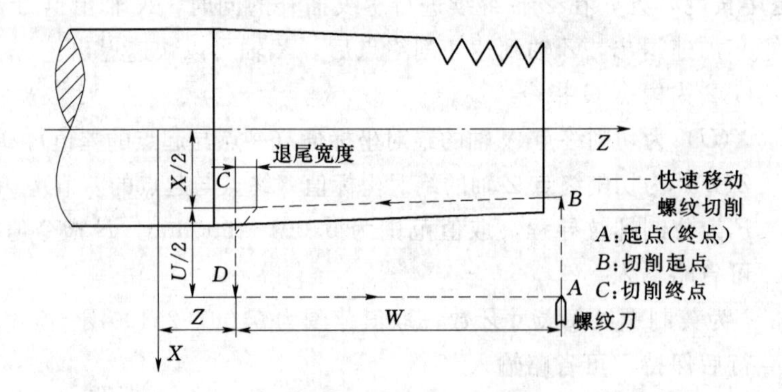

图 2-7-3　锥螺纹循环示意图

注意事项：

（1）省略 J、K 时，按机床参数 NO.19 设定值退尾。

（2）省略 J 时，长轴方向按 K 退尾，短轴方向按机床参数 NO.1 设定值退尾。

（3）省略 K 时，按 $J=K$ 退尾。

（4）$J=0$ 或 $J=0$、$K=0$ 时，无退尾。

（5）$J\neq0$、$K=0$ 时，按 $J=K$ 退尾。

（6）$J=0$、$K\neq0$ 时，无退尾。

（7）螺纹切削过程中，如果按了暂停键，机床将继续进行螺纹切削，切削完毕后才暂停。

（8）螺纹切削过程中执行单段操作，则完成本次螺纹切削回到起点时停止。

（9）系统复位，急停或驱动报警时螺纹切削减速停止。

指令轨迹：U、W、R 反映螺纹切削终点与起点的相对位置，U、W、R 在符号不同时组合的刀具轨迹与退尾方向如图 2-7-4 所示。

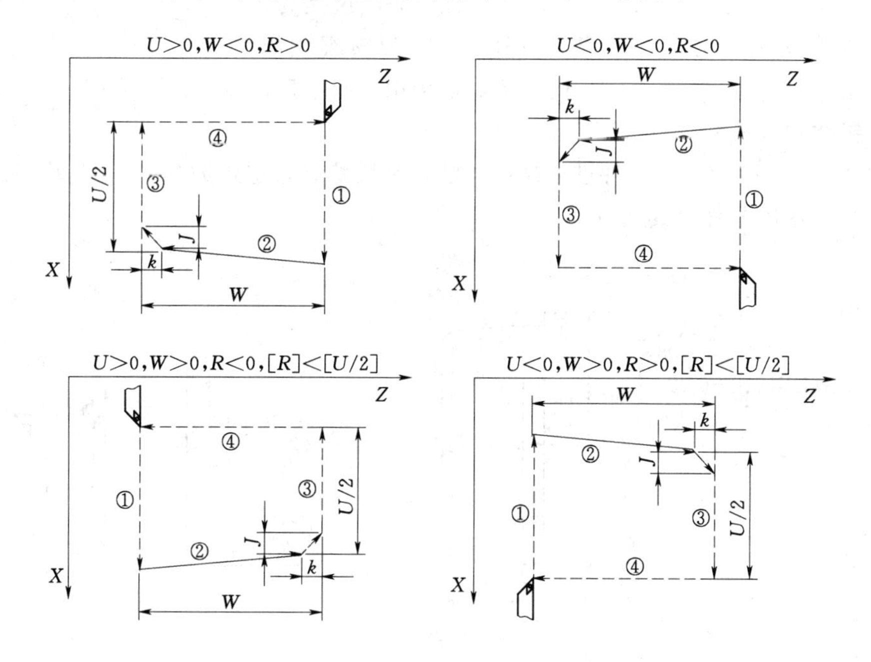

图 2-7-4　螺纹切削循环的指令轨迹示意图

特别提示：

（1）G92 指令可以切削锥螺纹。包括其他螺纹切削指令，虽然都有锥螺纹切削功能，但只有锥管螺纹的螺纹公法线可以垂直锥管轴线外，其他锥螺纹的公法线必须与锥面垂直；否则切出的螺纹齿形将严重变形。锥螺纹应用范围较小。

（2）锥管螺纹的锥度有固定的规范标准，国标规定是 1∶16。锥管螺纹多用于管路密封。

三、直螺纹车削

如图 2-7-5 所示，对工件进行螺纹车削，使用 3 号刀位上的外圆螺纹车刀，刀宽 5mm，使用 3 号刀具偏置。

```
O0026
G98M03S600T0303
G00X50Z6
G92X43.5Z-15J2K1F3
X42.5
X41.8
X41.4
G00X100Z100
M05
M30
```

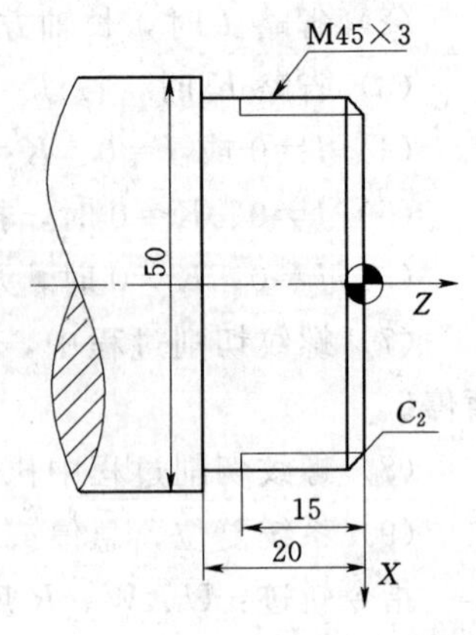

图 2-7-5 工件图（24）

在车削螺纹的过程中，大家要注意退尾量的设定。在此题中，J 为 X 轴退尾量，要求必须大于单面牙深，这是为了确保刀具能在退尾时与工件分离。另外，G92 为模态代码，程序中的第 5～7 行虽然没有 G 代码，但默认为第 4 行程序的 G 代码—G92。

四、锥体螺纹车削

如图 2-7-6 所示，对工件进行螺纹车削，单线螺纹，螺距为 3mm，使用 3 号刀位上的专用刀具，使用 3 号刀具偏置。

```
O0027
G98M03S600T0303
G00X50Z8
G92X43.5Z-15J2K1F3R-0.75
X42.5
X41.8
X41.4
G00X100Z100
M05
M30
```

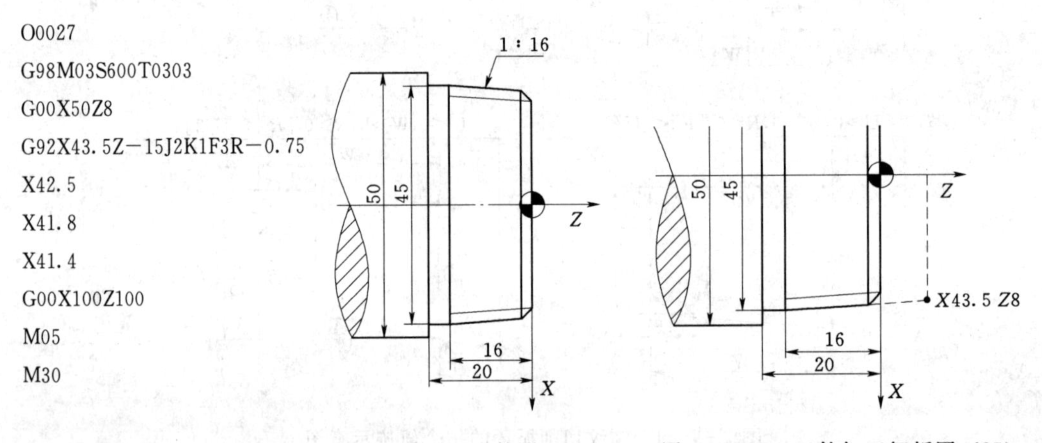

图 2-7-6 工件图（25）　　图 2-7-7 工件加工解析图（25）

此题中，循环起点定在了 $Z8$ 的位置上，如图 2-7-7 所示。实际相当于把螺纹线的切削起点往 Z 轴正方向延长了 8mm，这是因为锥体的锥度为 1∶16，方便 R 计算。延长 8mm 得出切削切点 X 值为 43.5mm，因此能得出 R-0.75。

五、复合螺纹车削循环

由于 G92 在车削螺纹时是双侧刃吃刀，导致对螺纹冲击较大，容易产生变形，所以 G92 一般用于要求不是很精的螺纹车削，下面介绍一个比 G92 切削效果更好的螺纹车削指令——螺纹多重循环切削指令 G76。

指令格式：G76 P(m)(r)(a) Q(Δd_{min}) R(d)；

G76 X(U)__ Z(W)__ R(i)P(k)Q(Δd)F(I)__；

指令功能：通过多次螺纹粗车、精车完成规定牙高（总切深）的螺纹加工，如果定义的螺纹角度不为0°，螺纹粗车的切入点由螺纹牙顶逐步移至螺纹牙底，使得相邻两牙螺纹的角度为规定的螺纹角度。

本指令用于加工带螺纹退尾的直螺纹和锥螺纹，可实现单侧刀刃螺纹切削，吃刀量逐步减少，有利于保护刀具、提高螺纹精度。G76指令不能加工端面螺纹。

指令说明：G76为非模态G指令。

$P(m)$ 为螺纹精车次数，取值范围为00～99（单位为次），m 执行后保持有效。未输入 m 时，以系统参数NO.57的值作为精车次数。

$P(r)$ 为螺纹退尾长度。取值范围为00～99（单位为0.1L，L 为螺距），r 执行后保持有效。未输入 r 时，以系统参数NO.19的值作为退尾长度。

$P(a)$ 为相邻两牙螺纹的夹角，取值范围为00～99［单位为（°）］，a 执行后保持有效。未输入 a 时，以系统参数NO.58的值作为相邻两牙螺纹的夹角。a 与刀具角度相同。

$Q(\Delta d_{min})$ 为螺纹粗车时的最小切削量，取值范围为0～99999（单位为0.001mm）半径值，无符号。每次切深按 $\sqrt{n}\Delta d$ 执行。当切深（$\sqrt{n}-\sqrt{n-1}$）$<\Delta d_{min}$ 值时，以 Δd_{min} 这个值作为本次切深。$Q(\Delta d_{min})$ 执行后，指令值保持。如果没输入 $Q(\Delta d_{min})$ 值，则以参数NO.59的值作为粗车时的最小切削量。设置这个参数是因为螺纹切削循环的每次进刀量不同，为防止切削量过小、粗车次数过多而设。

$R(d)$ 为螺纹精车的切削量，取值范围为0～99.999（单位为mm，半径值），无符号。$R(d)$ 执行后，指令值保持。如果没输入 $R(d)$ 值，则以参数NO.60的值作为精车的切削量。

$X(U)$ 为螺纹切削终点的 X 轴绝对坐标值（相对坐标值）（单位为mm）。

$Z(W)$ 为螺纹切削终点的 Z 轴绝对坐标值（相对坐标值）（单位为mm）。

$R(i)$ 为螺纹锥度，是螺纹起点与螺纹终点 X 轴绝对坐标的差值，取值范围为－999999～999999（单位为mm，半径值），无符号。如果没输入 $R(i)$ 值，则系统按 $R(i)=0$（直螺纹）处理。

$P(K)$ 为螺纹牙高，螺纹总切深，取值范围为1～999999（单位为0.001mm，半径值），无符号。

$Q(\Delta d)$ 为第一次螺纹切削深度，取值范围为1～999999（单位为0.001mm，半径值），无符号。

$F(I)$ 为公制螺纹螺距（英制螺纹为每英寸的螺纹牙数），取值范围为0.001～500mm（英制螺纹为0.06～25400牙/英寸）。

循环指令过程：

（1）从起点快速移到 B_1，螺纹切深为 Δd。如果 $a=0$，是矩形螺纹，仅移动 X 轴；如果 $a\neq 0$，X、Z 轴同时移动，方向为螺纹夹角的一半（$a/2$）。

（2）沿平行于 $C—D$ 的方向螺纹切削到与 $D—E$ 的相交处（$r\neq 0$ 时，有退尾过程）。

(3) X 轴快退到 E 点。

(4) Z 轴快速返回到 A 点。单次粗车循环完成。

(5) 同上进行粗车循环，每次粗车的进刀量按 $\sqrt{n}\Delta d$ 执行，但如果 $(\sqrt{n}-\sqrt{n-1})\Delta d$ 小于 (Δd_{min}) 时，按 (Δd_{min}) 执行。至总切深大于或等于 $(k-d)$，按切深 $(k-d)$ 进刀到 B_f 点，转步骤 6 执行最后一次螺纹粗车。

(6) 沿平行于 $C—D$ 的方向螺纹切削到与 $D—E$ 相交处（$r\neq0$ 时，有退尾过程）。

(7) X 轴快速移动到 E 点。

(8) Z 轴快速移动到 A 点，螺纹粗车循环结束。

(9) 执行精车循环，每次进刀量按 $\Delta d/m$ 执行，m 次后结束精车循环。G76 指令执行结束，运行轨迹如图 2－7－8 所示。

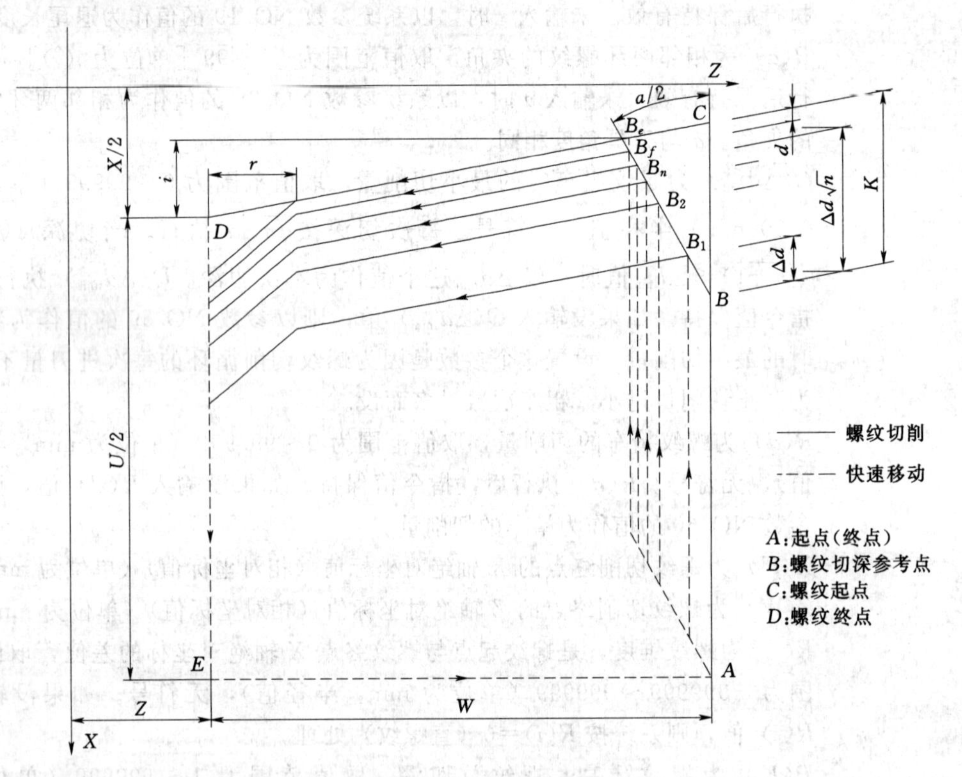

图 2－7－8　G76 运行轨迹

切入方法的详细情况如图 2－7－9 所示。

注意事项：

(1) G76 P(m)(r)(a) Q(Δd_{min}) R(d)中，参数可全部省略或部分省略，省略的指令字按参数设定值执行。

(2) $(m)(r)(a)$ 用同一指令地址 P 一次输入，必须按顺序输入。省略时，如输入了 1 位或 2 位则是 (a) 值；如果输入了 3 位或 4 位则是 (r) (a) 值。

(3) U、W 的符号决定了 $A—C—D—E$ 的方向，$R(i)$ 的符号决定了 $C—D$ 的方向。U，W 的符号有 4 种组合方式，对应 4 种加工轨迹。

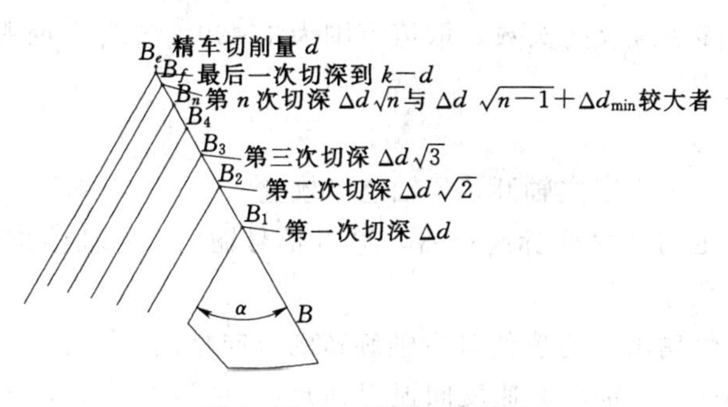

图 2-7-9　G76 切入方法

（4）运行中如果执行了进给保持，则在切削螺纹完毕后执行程序暂停。

（5）运行中如果执行了单程序段操作，在返回起点后（一次螺纹切削循环动作完成）运行停止。

（6）系统复位、急停或驱动报警时，螺纹切削减速停止。

如图 2-7-10 所示，对工件进行螺纹车削，单线螺纹，螺距为 3mm，使用 3 号刀位上的专用刀具，使用 3 号刀具偏置。

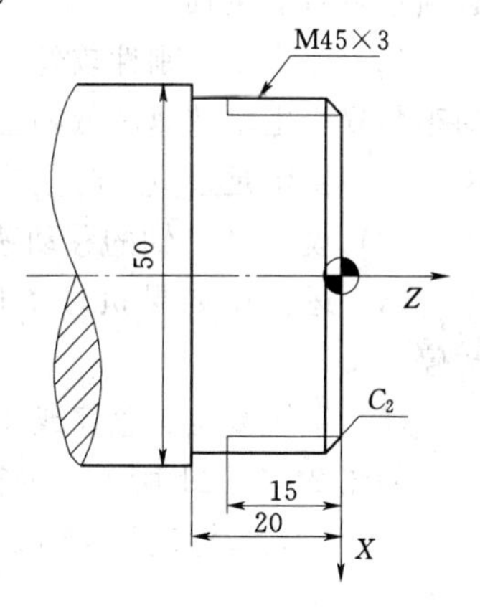

图 2-7-10　工件图（26）

```
O0028
G98M03S600T0303
G00X50Z8
G76P020760Q200R0.25
G76X41.4Z－15Q1000P3600F3
G00X100Z100
M05
M30
```

在此题中退尾为 07，实际的退量为 2.1mm，大于单面牙深。

六、攻丝

大孔的内螺纹可以进行内孔螺纹车削，那小孔怎么办呢？当然是攻丝了！

下面介绍攻丝循环指令 G33。

指令格式：G33 Z(W)__ F(I)__ L__；

指令功能：G33 指令的刀具运动轨迹是从起点到终点，再从终点返回到起点。攻丝时，主轴每转一圈 Z 坐标移动丝锥的一个螺距，在工件内孔完成螺纹的加工。

本指令用于孔已加工好之后的攻丝。

指令说明：G33 为模态 G 指令。

$Z(W)$ 为攻丝终点的 Z 轴绝对坐标值（相对坐标值）（单位为 mm）。

$F(I)$ 为公制（英制）螺纹螺距，是主轴转一圈坐标的移动量（英制为每英寸螺纹的牙数），取值范围为 0.001～500mm（英制为 0.06～25400 牙/英寸）。

L 为多头螺纹的头数，取值范围为 1～99，省略 *L* 时默认为 1 头，即常见的孔螺纹。

循环指令过程：

（1）G33 指令前必须指定主轴开，*Z* 轴进给攻丝。

（2）到达编程指定的 *Z* 轴坐标终点后，M05 信号输出，主轴停止。

（3）检测主轴完全停止后。

（4）主轴反转信号输出（与攻丝时主轴旋转的方向相反）。

（5）主轴反转同时，*Z* 轴以原速反向退刀到起点。

（6）M05 信号输出，主轴停转。

（7）如为多头螺纹，主轴转一个起始角后重复步骤（1）～（5），G33 指令执行结束。

注意事项：

（1）主轴旋转方向是由丝锥的旋向决定的，攻丝结束时主轴停转，如果需要继续加工必须重新启动主轴。

（2）此指令是刚性攻丝，因为惯性实际攻丝长度比理论长度要长，长多少取决于主轴刹车装置、主轴转速高低和主轴减速时间。对盲孔攻丝来说，钻孔时，孔深要比攻丝长度长一些，要留足余量，防止攻丝到底时撞断丝锥。

（3）攻丝时 *Z* 轴的移动速度由主轴转速与螺距决定，与切削进给速度倍率无关。

（4）运行中如果执行了进给保持、单程序段操作，则在运行完当前程序段后程序暂停。

（5）系统复位、急停或驱动报警时，攻丝切削减速停止。

如图 2-7-11 所示，进行攻丝加工，丝锥 M10×0.75，安装在 4 号刀位，使用 4 号刀具偏置，攻丝深度为 15mm。

```
O0029
G98M03S600T0404
G00X0Z5
M08
G33Z-15F0.75
M09
G00X100Z100
M05
M30
```

图 2-7-11　工件图（27）

在机床攻丝时，最好注入冷却液，以降低加工温度。

七、变距螺纹

在本书中变距螺纹车削加工不作为重点，但为了同学们在以后生产中的需要，在这里还是简单介绍下变距螺纹车削指令。

指令格式：G34 X(U)_ Z(W)_ F(I)_ J _ K _ R _；

指令意义：刀具沿 *X*、*Z* 轴同时从起点位置（当前程序段运行前的位置）到程序段指定的终点位置进行螺纹切削加工，对每一螺距指令一个增加值或减少值。切削时，可以设

定退刀。

指令地址：$X(U)$、$Z(W)$、$F(I)$、J、K 的意义与 G32 一致。

R：主轴每转螺距的增量或减量。

R 值的范围：±0.001～±500.000mm/螺距（公制螺纹）

±0.060～±25400 牙/英寸（英制螺纹）

当 R 值超过上述值，因 R 的增加或减小使螺距超过允许值或者螺距出现负值时产生报警。

模块八　转速与进给

一、主轴转速控制

主轴转速控制分为两种：恒转速控制 G97 和恒线速控制 G96。

主轴转速恒线速控制的必要条件是主轴可以无级调速。对只具备有限级别转速的主轴无法实现恒线速控制 G96。

实际加工大多数都采用恒转速控制 G97，即转速是一个固定的值。但是，加工大直径工件端面时，刀具切削线速度在径向上差别很大，这种情况对刀具寿命和工件的加工质量都会产生很大的影响。因为不同材料的工件、不同材料的刀具所要求的线速度是不同的。恒线速控制 G96 正是适应这一要求，使主轴转速随切削半径的减小而增高，从而保持切削线速度为一恒定值。这样加工出来的工件表面粗糙度和质量一致性很好。但是，对于被加工面径向尺寸差别不大，使用恒线速控制 G96 就没有多大意义。

执行 G96 恒线速控制的过程，主轴转速随 X 轴的位置变化而变化。

线速度与主轴转速之间的关系如下：

$$线速度=主轴转速\times=|X|\times\pi\div1000(m/min)$$

式中，主轴转速：r/min；$|X|$：X 轴绝对坐标值的绝对值（直径值），mm

$$\pi\approx3.14$$

显然，如果线速度已定，主轴转速随坐标绝对值成反比变化。

指令格式：G96 S _；

指令功能：恒线速控制有效，给定切削线速度（m/min），取消恒转速控制。

指令格式：G97 S _；

指令功能：恒转速控制有效，给定主轴转速（r/min），取消恒线速控制。

指令格式：G50 S _；

指令功能：设置恒线速控制时的主轴最高转速限制值（r/min）。

指令说明：G96、G97 为同组模态指令，G97 是初态指令，系统上电时 G97 有效。

G50 S _的设定，用于恒线速控制时，当切削半径很小，主轴转速会很高，甚至超过主轴额定转速，为限制转速过高，而设置个指令。当恒线速计算出的转速超过此值时，以此值作为主轴转速。

同样恒线速计算出的转速太低也同样有限制，但不使用指令，而是在数据参数 NO.43 里设定主轴转速下限。

注意事项：

（1）不具备无级变速功能的机床，恒线速控制功能无效。

（2）恒线速控制时，工件坐标系的 Z 坐标必须与工件旋转轴重合。

（3）恒线速控制时，G00 执行过程不改变转速，按 G00 程序段终点位置的转速运行。

（4）在 G96 状态中指令的 S 值即使在 G97 状态也保持（但不执行），当返回到 G96 状态时其值恢复（即 G96 后可省略 S）。

（5）机床锁住时，恒线速控制仍然有效。

（6）螺纹切削时，恒线速虽然有效，但不宜采用。

（7）G96 状态变为 G97 状态时，G97 程序段如果没有 S 指令，则以 G96 的最后转速作为 G97 的转速。

（8）恒线速控制时，由切削线速度计算出的主轴转速高于当前主轴挡位的最高转速时，主轴转速限制为当前挡位的最高转速。

特别提示：在 GSK980TD 系统中，用 G50 S_ 设置恒线速控制时的最高转速限制。

而其他系统，大多采用参数设定来限制最高转速。

二、进给控制

进给控制 G98～G99。

大多数切削进给都是以 mm/min 为单位，给定切削进给速度。GSK980TD 定义这种进给为 G98 指令，这也是系统上电时默认的指令。如果想按 mm/min 为单位给定切削进给速度，则必须给出 G99 指令。同螺纹切削一样，机床执行 G99 指令的先决条件是主轴要装编码器，否则不能执行 G99。

指令格式：G98 F__；

指令功能：以 mm/min 为单位给定切削进给速度，取值范围为 1～8000（单位为 mm/min）。

指令格式：G99 F__；

指令功能：以 mm/r 为单位给定切削进给速度，取值范围为 0.0001～500（单位为 mm/r）。

本指令用于确定加工进给速度的表达方式。数控机床毫无例外地采用默认 G98。

指令说明：G98、G99 为同组模态 G 指令。G98 是初态指令，系统上电时 G98 有效。数控机床毫无例外地采用以 mm/min 为单位给定切削进给速度，如果当前为 G98 状态，则可以不输入 G98。

F 执行后保持有效，直到有新的 F 输入。

注意事项：

（1）不具备主轴编码器的机床，G99 指令不能执行。

（2）系统复位、急停时，F 值保持不变。进给倍率掉电记忆。

（3）每转进给量与每分钟进给量的换算关系为：每分钟进给量(mm/min)＝每转进给量(mm/r)×主轴转速(r/min)。

模块九 刀尖半径补偿

一、刀尖半径认知

零件加工程序一般是以刀具理想的尖点，按零件图纸进行编制的。但实际加工刀尖不是一个理想尖点，而是一段圆弧。这对于平行于 Z 轴的圆柱面或平行于 X 轴的端面切削来说，只要将零件外形的轮廓偏移一个刀具半径，作为刀具运动轨迹是可以得到正确补偿的。这就是B型补偿。如图2－9－1所示，A 是刀具理想刀尖被加工零件的编程轨迹，O 是刀尖半径为 R 圆弧的圆心，偏移此半径后，圆心移动轨迹正是编程轨迹。

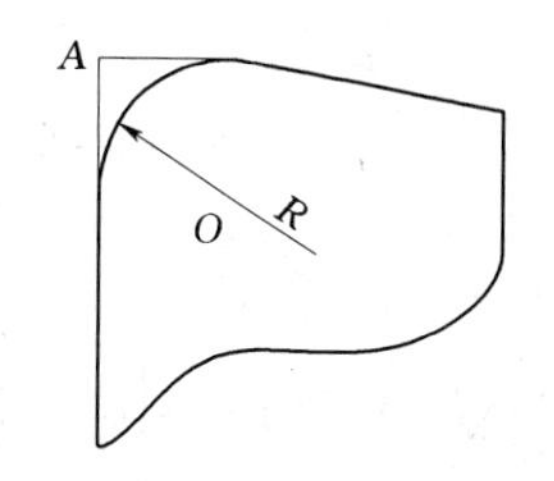

图2－9－1 刀具示意图

当进行直线插补和圆弧插补时，B型补偿在切削锥面和圆弧面时会产生过切或欠切，如图2－9－2所示。

为了解决这个问题，产生了C型补偿方式。两种补偿方式的不同就在于前者只处理本程序段的运动轨迹，而后者处理本程序段的轨迹时还要考虑下一段起始位置，来决定本段轨迹的最终走向。

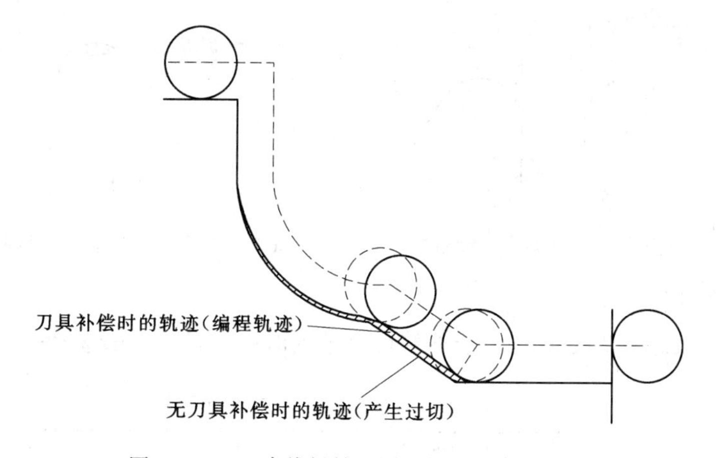

图2－9－2 直线插补和圆弧插补时产生过切

二、假想刀尖

刀尖补偿要考虑两个参数：半径和假想刀尖方向。

刀尖半径很容易理解。

假想刀尖的设定，是因为设定起点时如果用刀尖半径中心定位则比较困难，如图2－9－3所示；而用假想刀尖定位就比较容易，如图2－9－4所示。

在对刀时，很容易确定假想刀尖的位置。由假想刀尖的位置再去确定刀尖半径中心的位置，就简单多了，只需要确定由刀尖半径中心往假想刀尖的方向看在什么方位即可。

假想刀尖共有10个设置，表达了9个方向的位置关系，如图2－9－5所示。9和0号码相同，假想刀尖位置与刀尖半径中心相同。

假想刀尖方向编号在前刀座坐标系中和后刀座坐标系中是不一样的，互为镜像。图2

－9－6所示为后刀座坐标系的假想刀尖方向。

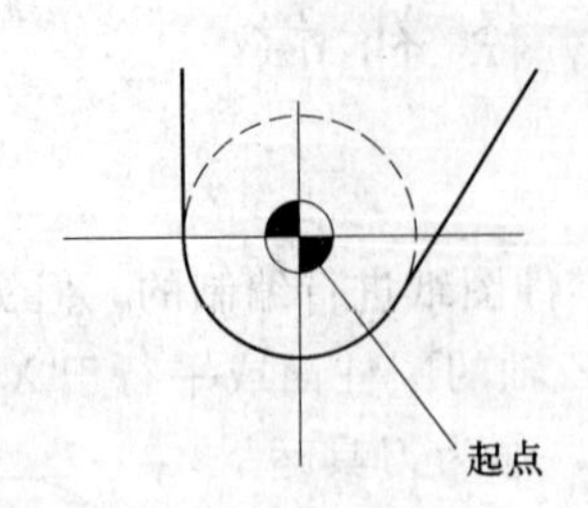

图2－9－3　刀尖半径中心定位

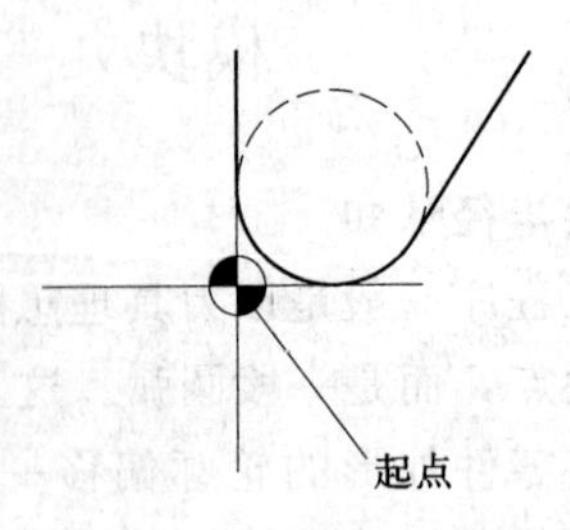

图2－9－4　假想刀尖定位

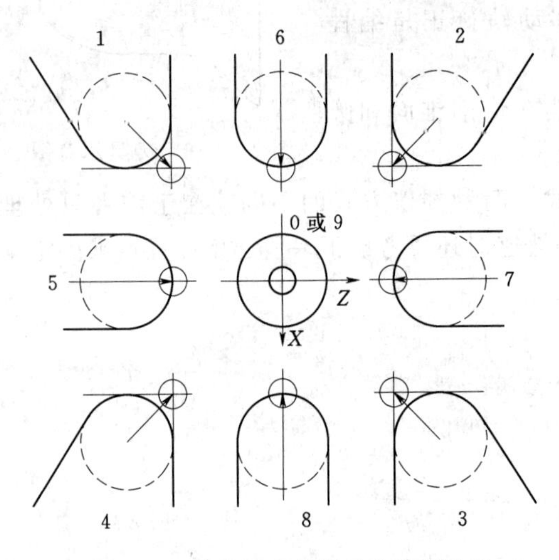

图2－9－5　前刀座假想刀尖位置设定

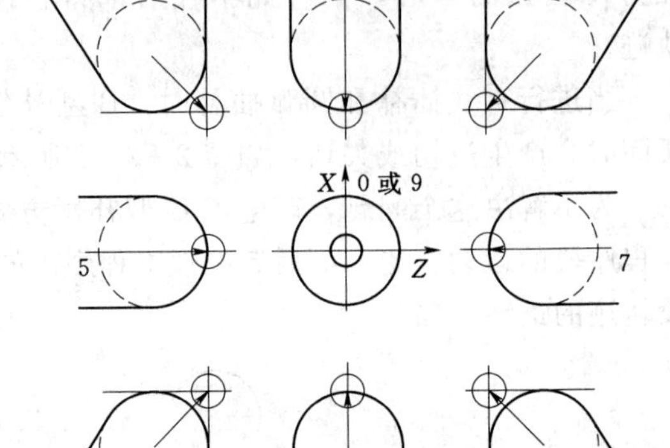

图2－9－6　后刀座假想刀尖位置设定

三、补偿值的设置

刀尖半径和假想刀尖方向这两个参数在刀偏页面中设置，见表2－9－1。

表2－9－1　　CNC刀尖半径补偿值显示页面

序　号	X	Z	R	T
000	0.000	0.000	0.000	0
001	0.020	0.030	0.020	2
002	1.020	20.123	0.18	3
⋮	⋮	⋮	⋮	⋮
032	0.050	0.038	0.300	6

X：*X*轴刀具偏置值。

Z：*Z*轴刀具偏置值。

R：刀尖半径补偿值，默认为直径。如果想用半径值必须在参数NO.004中的ORC位设定。

T：假想刀尖编号，0和9号假想刀尖号一致。

提示：在进行对刀操作时，必须与所选的假想刀尖号一致。如图 2-9-7 所示，分别表示选 T0 号刀尖方向和 T3 号刀尖方向，其偏置值是不同的。即 X 和 Z 轴的值都不同。

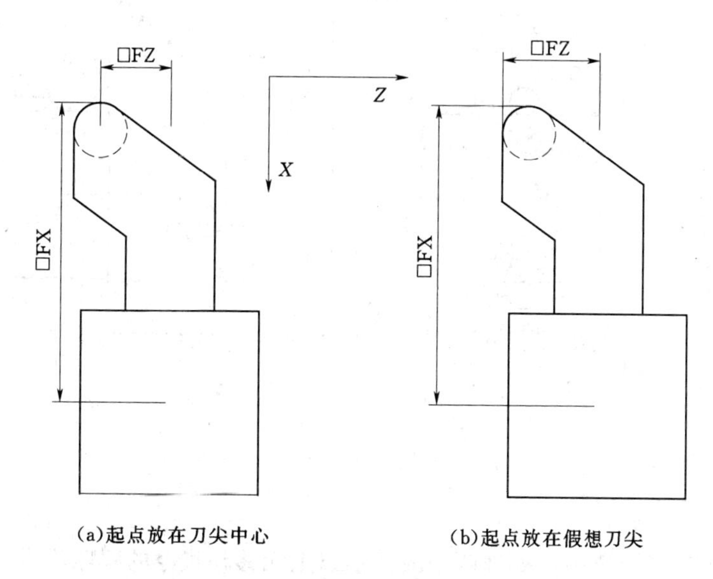

(a)起点放在刀尖中心　　(b)起点放在假想刀尖

图 2-9-7　以刀架中心为基准点的刀具偏置值

四、刀尖半径补偿

指令格式：

G40
G41 G00/G01 X _ Z _ T _ ;
G42

功能说明：

G40：取消刀尖半径补偿。

G41：左刀补。沿着刀运动方向看，刀在工件的左侧。即刀向右偏移半径值，如图 2-9-8 (a) 所示。

G42：右刀补。沿着刀运动方向看，刀在工件的右侧。即刀向左偏移半径值，如图 2-9-8 (b) 所示。

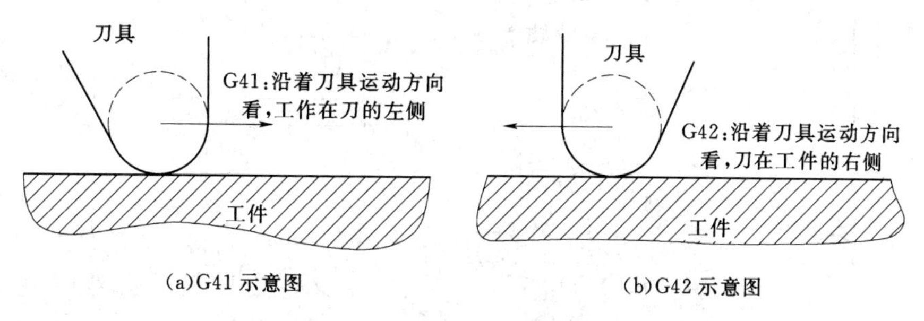

(a)G41 示意图　　(b)G42 示意图

图 2-9-8　G41 与 G42 示意图

在这里大家要注意，判断是左刀补还是右刀补是在右手直角坐标系中进行的，对于 ZX 平面，要从 Y 轴的正方向往负方向看，这一点与圆弧的判断是一样的。

刀尖半径补偿运用到实际的坐标中，如图 2－9－9 所示。

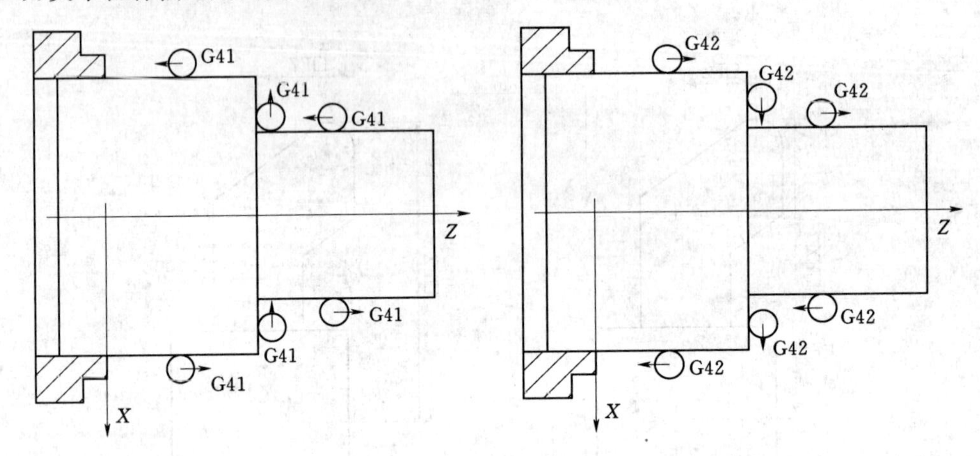

图 2－9－9　刀尖半径在坐标系补偿方向

注意事项：

（1）在刀尖半径补偿中，处理两个或两个以上无移动指令的程序段时，刀尖中心会移到前一程序段的终点，并垂直于前一程序段路径的位置。

（2）MDI 状态下不能执行 C 型刀补。

（3）刀尖半径 R 不能输入负值。

（4）刀尖半径补偿的建立和撤消只能用 G00 或 G01 指令，而不能用 G02 或 G03 指令。

（5）按复位键（RESET），将取消刀补 C 型模式。

（6）在程序结束前必须指定 G40 取消刀补，否则下一段会偏离一个刀尖半径。

（7）主程序中的刀补在调用子程序之前必须取消，子程序中需要重建刀补。

（8）G71～G76 指令不执行刀尖半径补偿，这些循环带有粗车性质，无须补偿。

（9）G90、G94 指令可以执行刀尖补偿，补偿时，不管 G41 还是 G42 都按一个刀尖半径偏移。按假想刀尖 0 号处理，其刀具中心轨迹如图 2－9－10 所示。

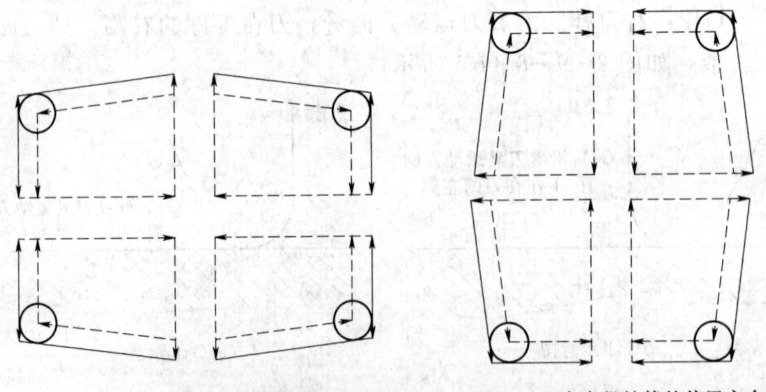

(a)G90 刀尖半径补偿的偏置方向　　(b)G94 刀尖半径补偿的偏置方向

图 2－9－10　固定循环 G90，G94 执行刀尖补偿状态

加工如图 2-9-11 所示的零件。刀号 T0101，刀尖半径 $R=2$，假想刀尖号 $T=3$。

必须在偏置取消状态下进行对刀，否则会相差一个偏置值。

在刀偏设置页面下设置刀尖半径 R 和假想刀尖方向号 T，如表 2-9-2 所示。

表 2-9-2　　刀偏设置

序号	X	Z	R	T
001	对刀 X 值	对刀 Z 值	2.000	3
002	…	…	…	…

程序如下：

```
N10 G00 X100 Z50 M3 T0101 S600  （定位，开主轴，换刀与执行刀补）
N20 G42 G00 X0 Z3               （建立刀尖半径补偿）
N30 G01 Z0 F300                 （切削开始）
N40 X16
N50 Z-14 F200
N60 G02 X28 W-6 R6
N70 G01 W-7
N80 X32
N90 Z-35
N100 G40 X90 Z40                （取消刀尖半径补偿）
N110 X100 Z50 T0100
N120 M30
```

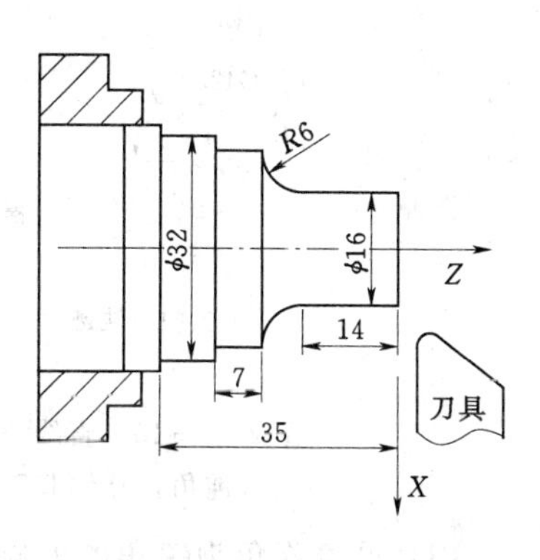

图 2-9-11　工件图（28）

五、刀尖半径补偿偏移轨迹的说明（选读）

所编辑的程序是以零件的外形为基准。如果加工轨迹沿着工件外形处处都能让出一个刀尖半径，那么就不会产生过切和欠切。

对刀时，测量的是假想刀尖位置。而加工时，程序规范的是刀尖位置。因此程序段与程序段连接时，刀具运动轨迹都不相同。下面着重介绍从刀补建立到刀补进行时以及取消刀补三种状态刀具移动轨迹的各种情况。了解刀尖中心在这三种状态的移动轨迹，对掌握加工过程刀具走向极为重要。尤其是对铣床更是特别重要。

说明：图 2-9-12、图 2-9-13 中所标注的字符表示：S 为单段停止点，L 为直线，C 为圆弧。

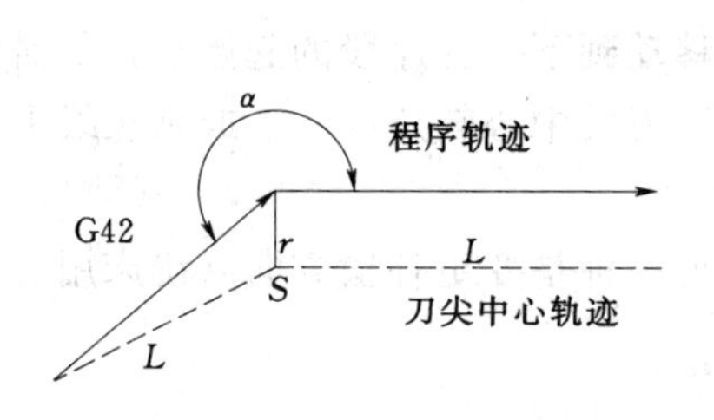

图 2-9-12　直线—直线（内侧起刀）

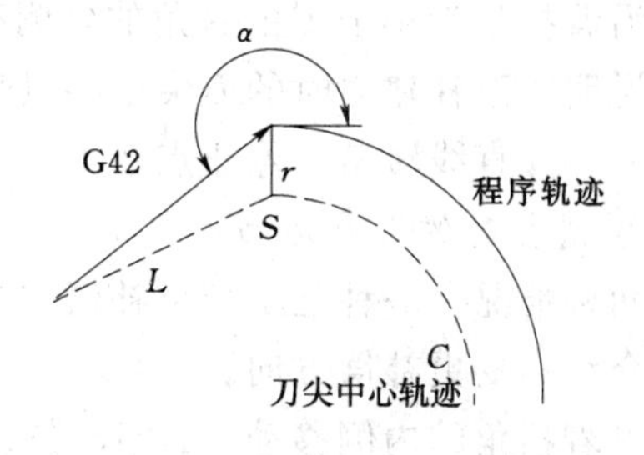

图 2-9-13　直线—圆弧（内侧起刀）

1. 刀补建立时的刀具运动

(1) 沿着拐角的内侧移动（$\alpha \geqslant 180°$）。

1）直线—直线（图 2-9-12）。

2）直线—圆弧（图 2-9-13）。

(2) 沿着拐角为钝角的外侧移动（$180° > \alpha \geqslant 90°$）。

1）直线—直线（图 2-9-14）。

2）直线—圆弧（图 2-9-15）。

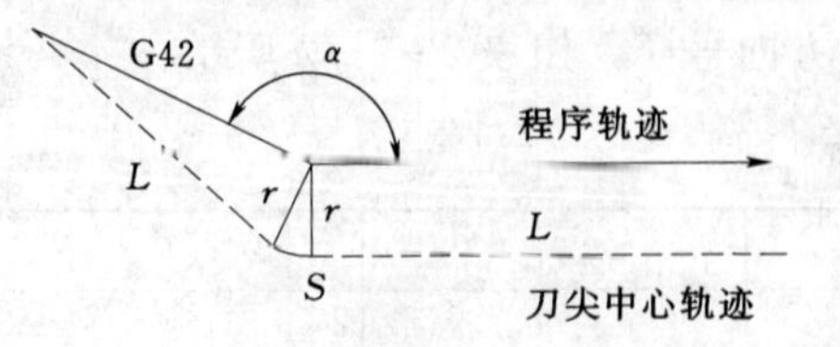

图 2-9-14　直线—直线（钝角，外侧起刀）

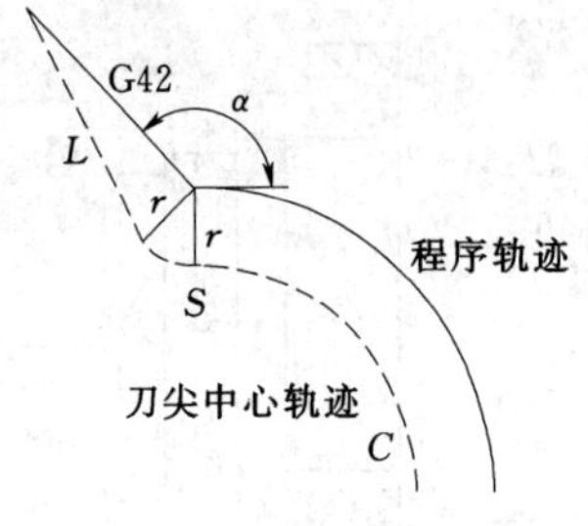

图 2-9-15　直线—圆弧（钝角，外侧起刀）

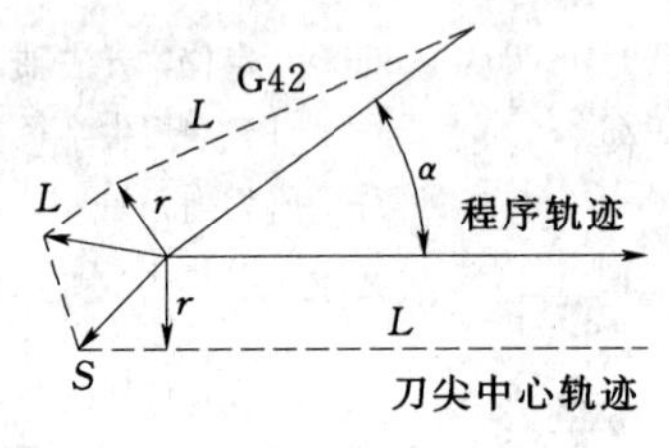

图 2-9-16　直线—直线（锐角，外侧起刀）

(3) 沿着拐角为锐角的外侧移动（$\alpha < 90°$）。

1）直线—直线（图 2-9-16）。

2）直线—圆弧（图 2-9-17）。

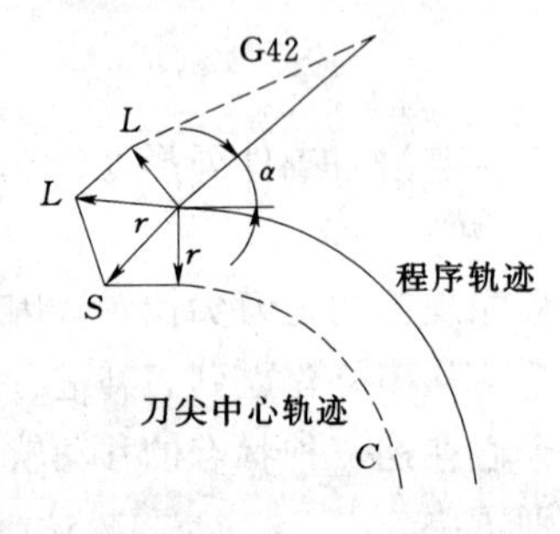

图 2-9-17　直线—圆弧（锐角，外侧起刀）

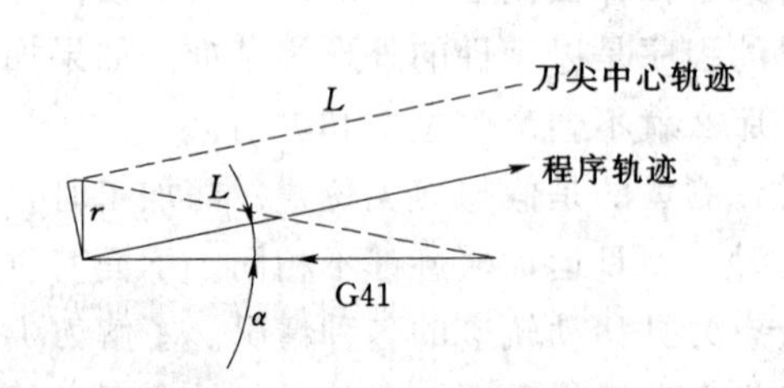

图 2-9-18　直线—直线（拐角小于 1°，外侧起刀）

(4) 沿着拐角为小于 1°的锐角的外侧移动（$\alpha \leqslant 1°$）（图 2-9-18）。

轨迹说明：刀补建立时的刀尖中心以直线移动到下一程序段的起始点，如需转角也以直线转角。停止点在下一段程序刀尖中心轨迹的起点或延长线上。

2. 刀补进行时的刀具运动

分为两种情况：一种是不变更补偿方向，另一种是变更补偿方向（铣床用）。

下面介绍不变更补偿方向。

(1) 沿着拐角的内侧移动（$\alpha \geqslant 180°$）。

1）直线—直线（图 2-9-19）。

2）直线—圆弧（图 2-9-20）。

3）圆弧—直线（图 2-9-21）。

4）圆弧—圆弧（图 2-9-22）。

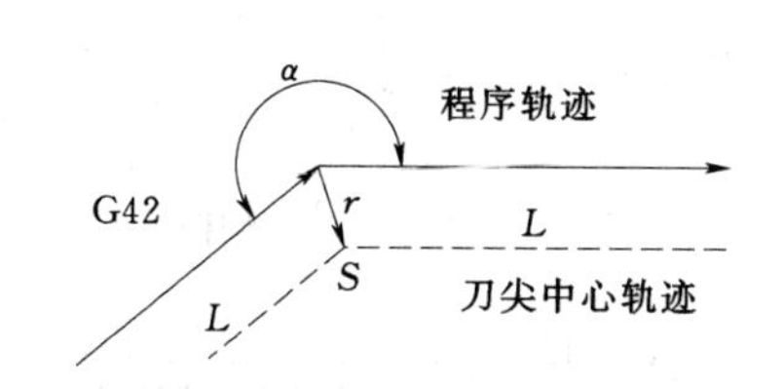

图 2-9-19 直线—直线（内侧移动）

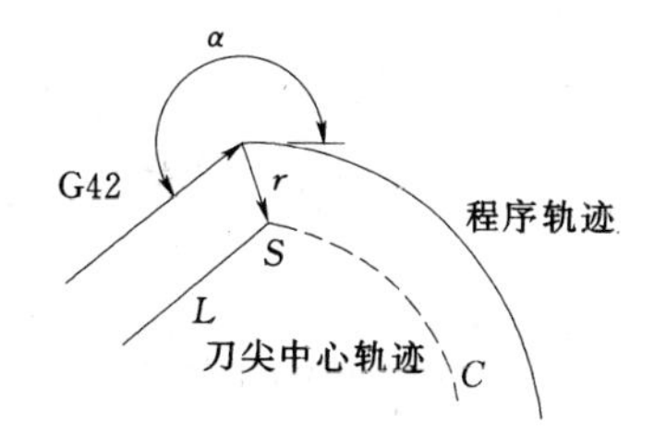

图 2-9-20 直线—圆弧（内侧移动）

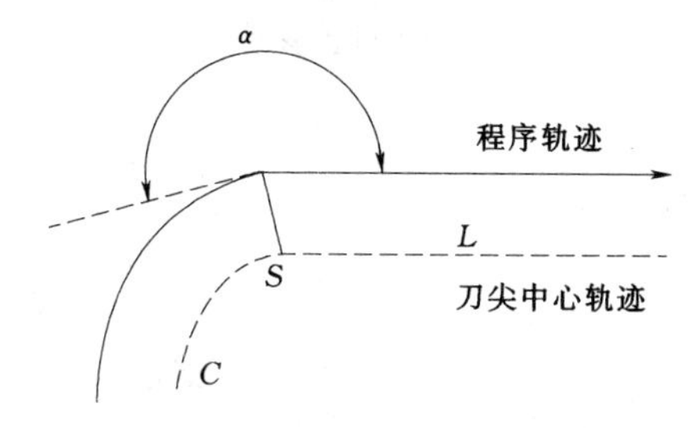

图 2-9-21 圆弧—直线（内侧移动）

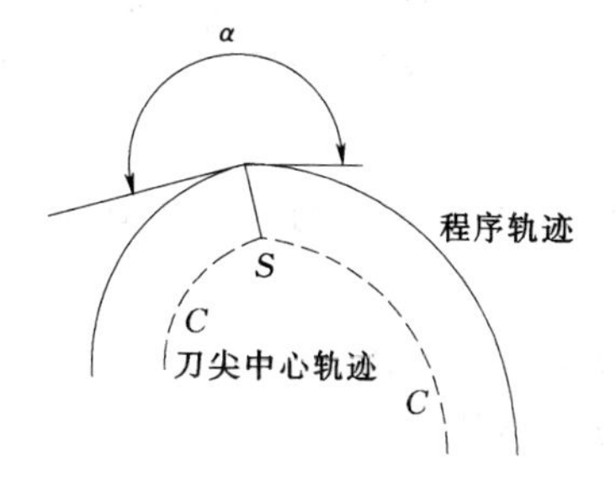

图 2-9-22 圆弧—圆弧（内侧移动）

5）小于 1°内侧加工及补偿向量放大（图 2-9-23）。

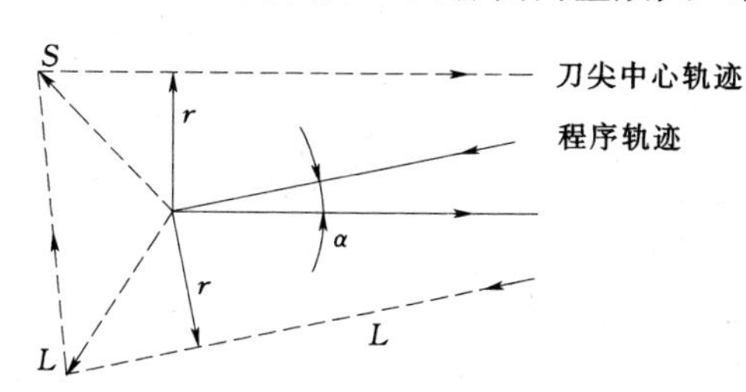

图 2-9-23 直线—直线（拐角小于 1°，内侧移动）

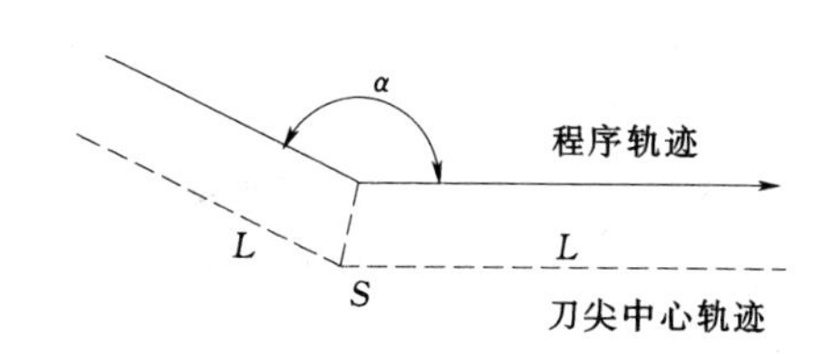

图 2-9-24 直线—直线（钝角，外侧移动）

（2）沿着拐角为钝角的外侧移动（180°$>\alpha\geqslant$90°）。

1）直线—直线（图 2-9-24）。

2）直线—圆弧（图 2-9-25）。

3）圆弧—直线（图 2-9-26）。

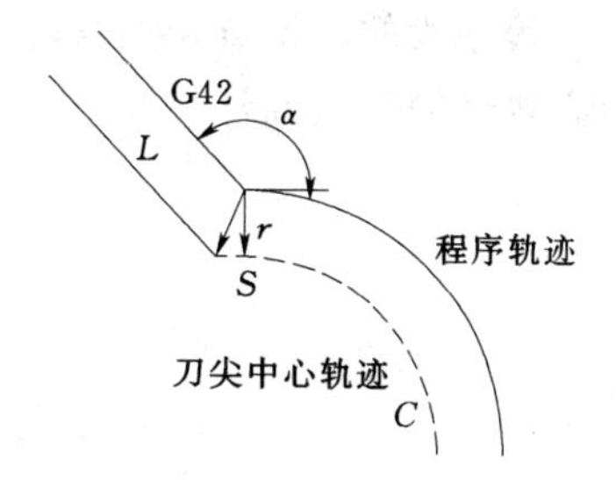

图 2-9-25 直线—圆弧（钝角，外侧移动）

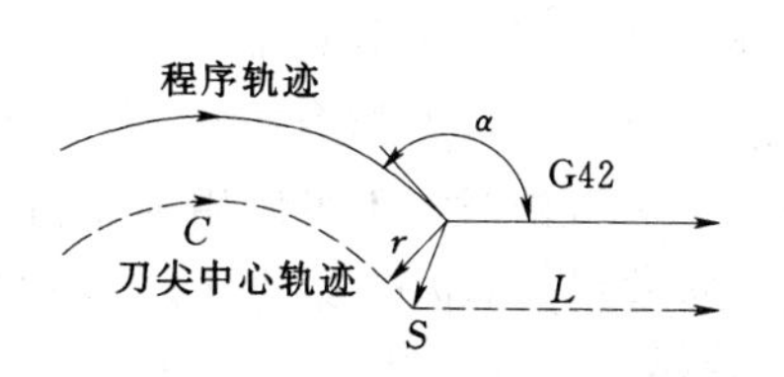

图 2-9-26 圆弧—直线（钝角，外侧移动）

4）圆弧—圆弧（图 2-9-27）。

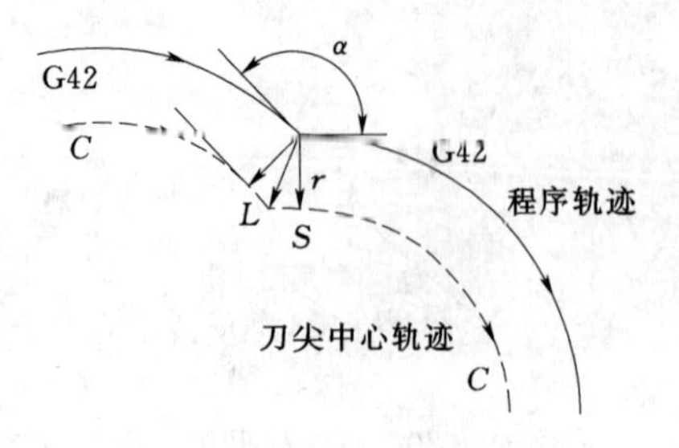

图 2-9-27 圆弧—圆弧
（钝角，外侧移动）

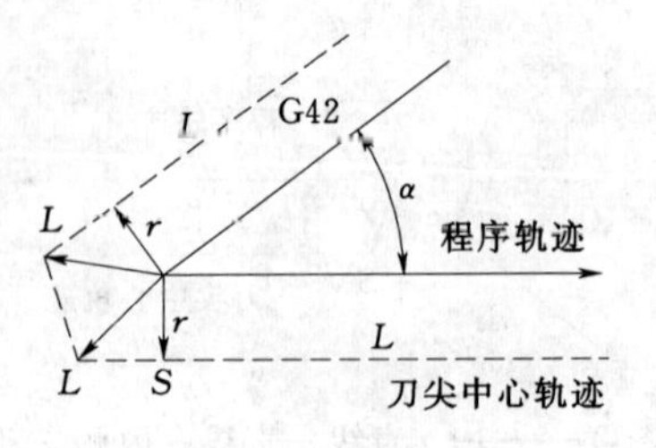

图 2-9-28 直线—直线
（锐角，外侧移动）

（3）沿着拐角为锐角的外侧移动（$\alpha<90°$）。

1）直线—直线（图 2-9-28）。

2）直线—圆弧（图 2-9-29）。

3）圆弧—直线（图 2-9-30）。

4）圆弧—圆弧（图 2-9-31）。

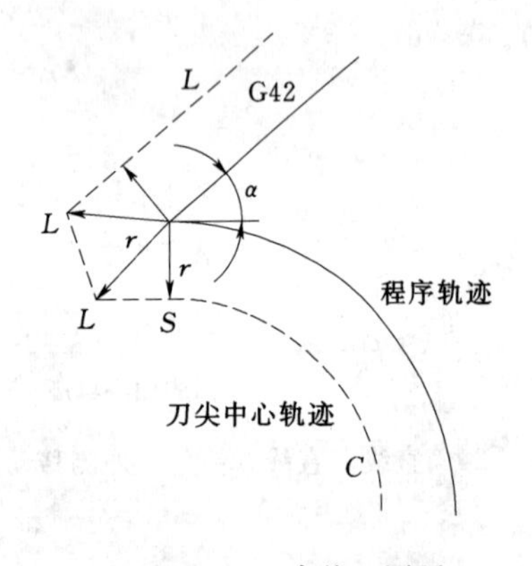

图 2-9-29 直线—圆弧
（锐角，外侧移动）

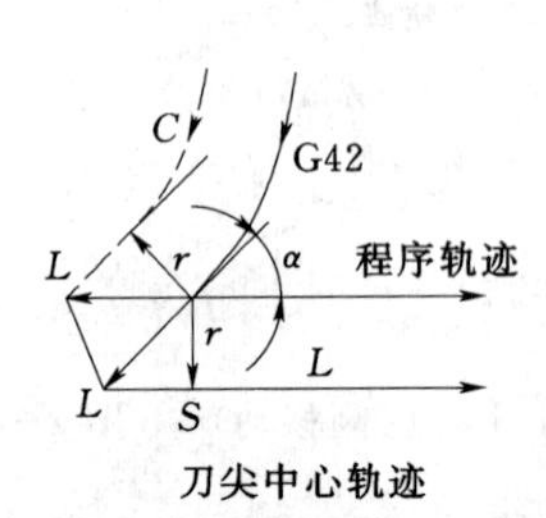

图 2-9-30 圆弧—直线
（锐角，外侧移动）

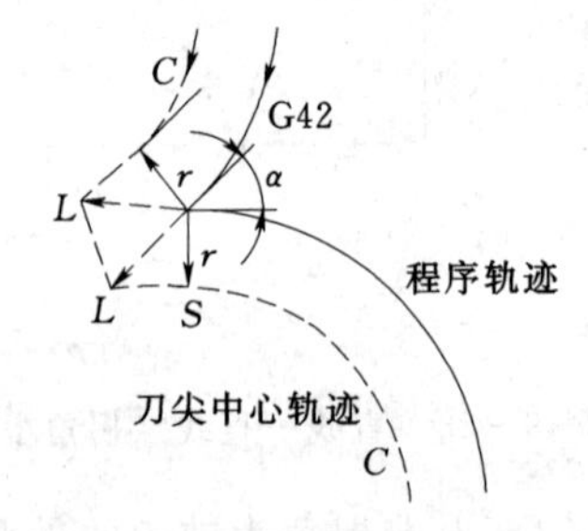

图 2-9-31 圆弧—圆弧
（锐角，外侧移动）

轨迹说明：刀补进行时的刀尖中心以直线移动到下一程序段的起始点，如需转角也以直线转角。停止点在下一段程序刀尖中心轨迹的起点或延长线上。

3. 取消刀补时的刀具运动

取消刀补使用 G40 指令或 M30 指令。

在 C 刀补取消时，不可以用圆弧指令。

（1）沿着拐角的内侧移动（$\alpha\geq180°$）。

1）直线—直线（图 2-9-32）。

2）圆弧—直线（图 2-9-33）。

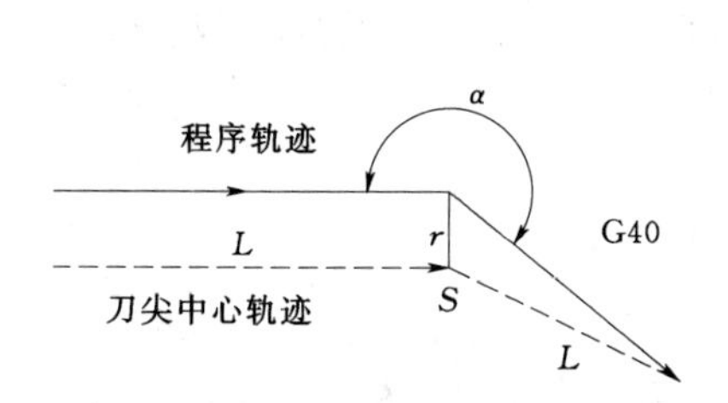

图 2-9-32　直线—直线（内侧，取消偏置）

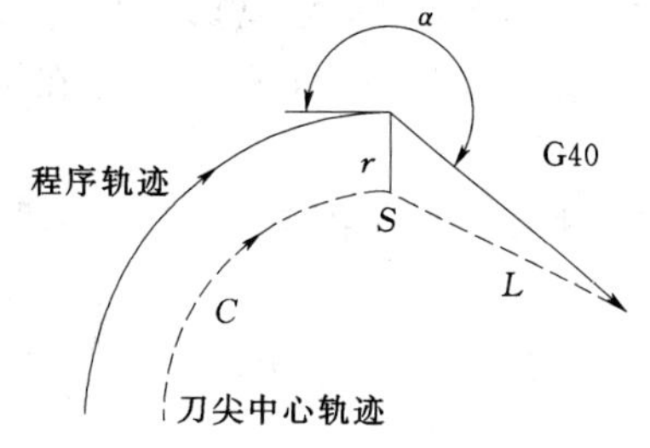

图 2-9-33　圆弧—直线（内侧，取消偏置）

（2）沿着拐角为钝角的外侧移动（180°>α≥90°）。

1）直线—直线（图 2-9-34）。

2）圆弧—直线（图 2-9-35）。

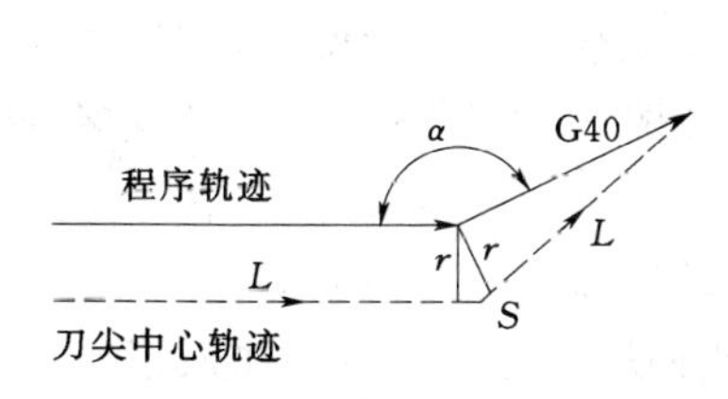

图 2-9-34　直线—直线（钝角，外侧，取消偏置）

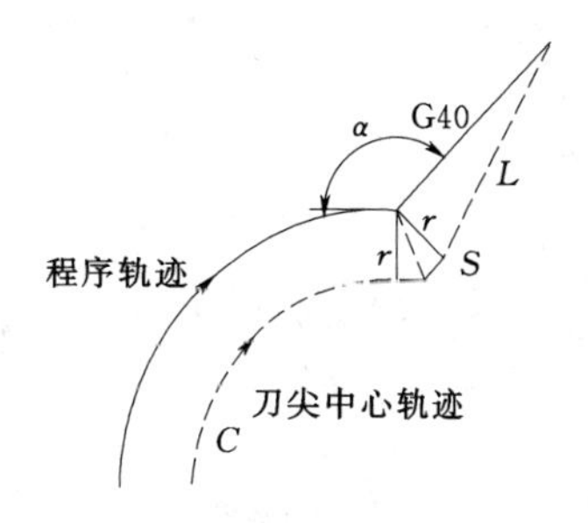

图 2-9-35　圆弧—直线（钝角，外侧，取消偏置）

（3）沿着拐角为锐角的外侧移动（α<90°）。

1）直线—直线（图 2-9-36）。

2）圆弧—直线（图 2-9-37）。

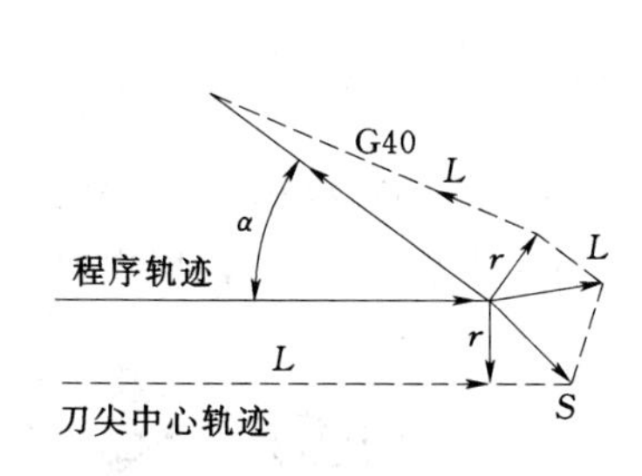

图 2-9-36　直线—直线（锐角，外侧，取消偏置）

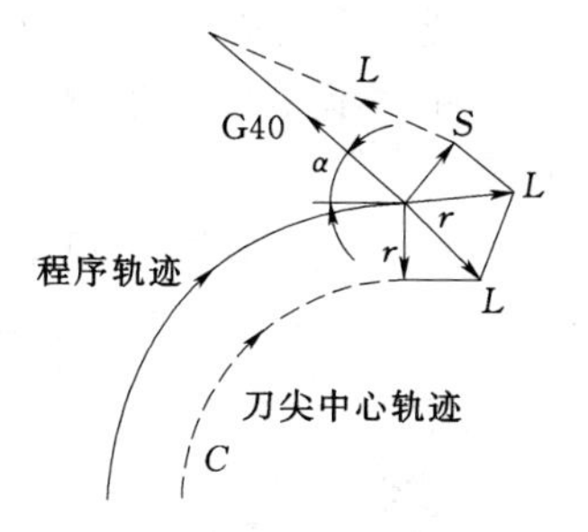

图 2-9-37　圆弧—直线（锐角，外侧，取消偏置）

轨迹说明：刀补取消时的刀尖中心以直线移动到下一程序段的起始点，如需转角也以直线转角。停止点在下一段程序刀尖中心轨迹的起点或延长线上。

4. 暂时取消补偿的指令

刀尖补偿的指令 G41、G42 必须用 G40 取消。但是，在实际运用中会遇到，在执行补偿的过程中，又指定了诸如 G28、G50、G71～G76、G32～G34 等指令。那么，在执行这些指令时，刀尖补偿会暂时取消，不执行补偿。后面程序段中的 G00、G01、G02、

G03、G70 指令会自动恢复执行补偿。

这些暂时取消刀尖补偿的指令在执行时刀尖路径各有不同，若操作者有兴趣可参阅图 2-9-38 所示。

（1）坐标系设定指令 G50。

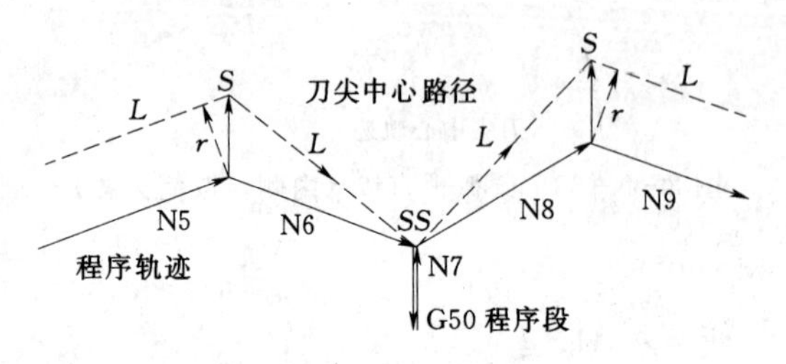

图 2-9-38　G50 指令暂时补偿向量

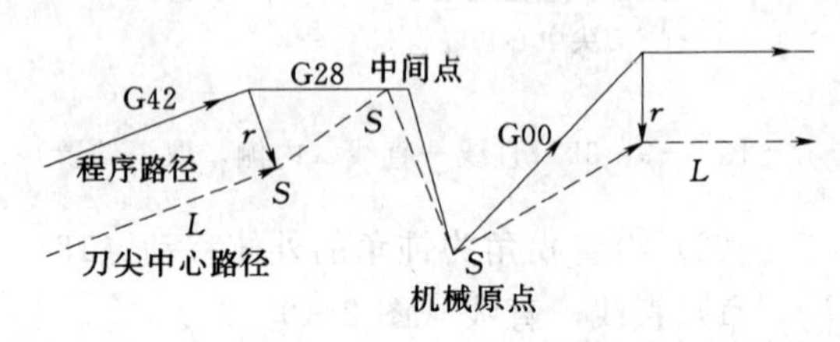

图 2-9-39　G28 指令暂时补偿向量

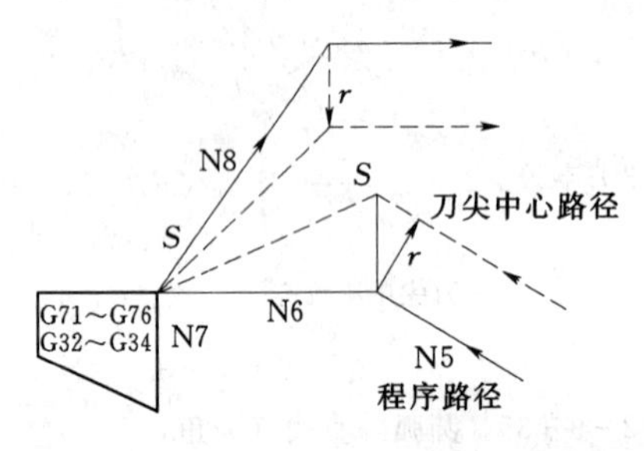

图 2-9-40　复合循环和螺纹切削指令暂时取消补偿向量

在补偿模式中，如果加入了 G50 指令，补偿会暂时取消。G50 结束后补偿模式再度恢复。其刀具中心移动轨迹如图 2-9-38 所示，完全不同于补偿取消模式。

（2）自动返回参考点指令 G28。

在执行补偿模式中，如果加入了 G28 指令，补偿也会暂时取消。参考点返回后补偿模式自动恢复，其刀尖中心的路径如图 2-9-39 所示。

（3）复合循环和螺纹切削指令 G71～G76、G32～G34（图 2-9-40）。

在执行固定循环 G71～G76 和螺纹切削指令 G32～G34 时已经叙述过：在循环过程中不执行刀尖半径补偿，而是处于暂时取消刀尖半径补偿状态，当后面程序段中执行 G70 或 G00～G03 时，补偿模式自动恢复。

六、实例应用

如图 2-9-41 所示进行车削，粗车使用 1 号刀位的外圆粗车刀，1 号刀具偏置，精车使用 2 号刀位上的精车刀，采用 2 号刀具偏置（刀尖半径 $R=0.2$，假想刀尖 $T=3$）。

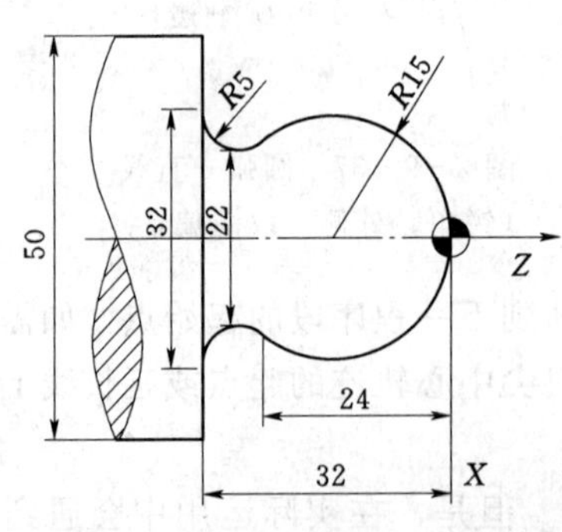

图 2-9-41　工件图（29）

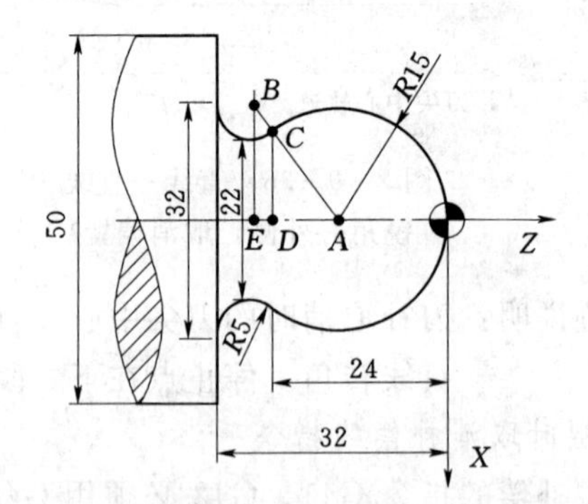

图 2-9-42　工件加工解析图（26）

从图纸上看，两圆弧相接点的坐标不是太明确，需要进行计算，我们对它进行辅助画

线分析如图 2-9-42 所示。首先连接两圆弧圆心，得交点 C，C 必为两圆弧的切点，亦为两圆弧的连接点。再分别过 C、B 点作中心线的垂线，交中心线于点 D、E。根据相似三角形特点可以得出，$AC/AB=CD/BE$，又知，$AC=15$，$AB=20$，$BE=16$，所以能得出 $CD=12$，那么 C 点的 X 轴坐标为 24。

```
O0030
G98M03S600T0101
G00X54Z2
G73U24W0.02R10
G73P10Q20U0.5W0.05F120
N10G00X0
G42G01Z0
G03X24Z-24R15
G02X32Z-32R5
N20G01X52
G00X100Z100
S1200T0202
M08
G00X54Z2
G70P10Q20F50
M09
G00X100Z100
M05
M30
```

在此题中，由于工件数据非单调，所以选择 G73 进行加工。在 G73 粗车时，刀具半径补偿是无效的，在 G70 精车时是有效的。

模块十 子 程 序

一、子程序结构

主程序和子程序如图 2-10-1 所示。

有时被加工零件上有多个形状和尺寸都相同的部位，若按通常的方法编程，则有一定量的连续程序段在几处完全重复地出现，则可以将这些重复的程序串单独地编出来按一定格式做成子程序。

在执行主程序时，如果有调用子程序的指令，则子程序被执行。子程序执行完后，再执行主程序的指令。子程序可以被多次重复调用。而且有些数控系统中可以进行子程序的“多层嵌套”，子程序可以调用其他子程序。子程序可以大大简化编程工作，缩短程序长度，节约程序存储器的容量。

不同厂家生产的数控系统，子程序的格式与调用代码也略有不同。

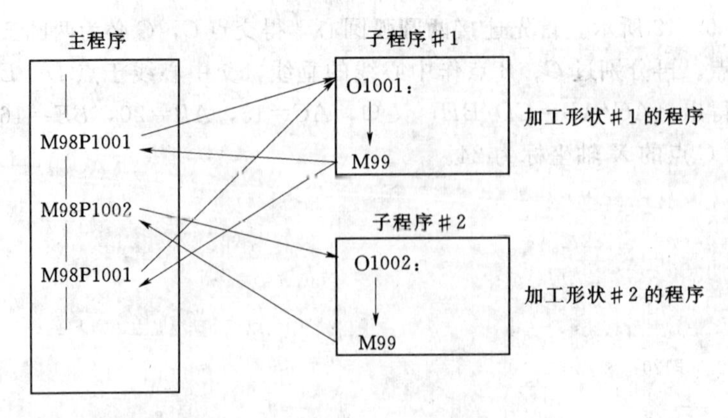

图 2－10－1　子程序调用

二、子程序的调用与返回

1. 子程序调用指令 M98

对相同的加工轨迹，控制过程需要多次使用时，可以编成一个子程序，在主程序中反复调用它。子程序是独立的，必须有自己的程序名。当然它可以独自运行，也可以被任何一个主程序调用。子程序的编写方式同普通程序没有太大差别。

指令格式：M98 P 0000□□□□

0000为调用次数，最多 9999 次，最少 1 次可以省略不写。

□□□□为被调用的子程序号，调用次数不是 1 时子程序号必须是 4 位数。

指令功能：在自动方式下执行 M98 指令，当前程序段的其他指令执行完成后调用执行 P 指定的子程序。

子程序调用指令 M98，不能在 MDI 状态下使用。

2. 子程序返回前级主程序指令 M99

指令格式：M99 P□□□□

□□□□为返回主程序时将被执行的程序段号。

M99 如果无 P 指令字，则返回到主程序调用子程序段的下一段，继续运行。

指令功能：在子程序中执行 M99 指令，当前程序段的其他指令执行完成后返回主程序中由 P 指定的程序段继续运行。

图 2－10－2 表示主程序 O1009 调用子程序 O1006，返回主程序时按 P 指定的程序段号 N0070 继续运行。

图 2－10－3 表示主程序 O1009 调用子程序 O1006，返回主程序时，无 P 指令字，则返回到调用当前子程序的 M98 指令的下一程序段继续运行。

图 2－10－4 表示主程序 O1006。使用 M99 指令结尾，则当前程序反复执行，编程时要特别注意。

提示：

（1）如果一个程序的结尾不是 M30，而是 M99，那么这个程序将反复进行下去。

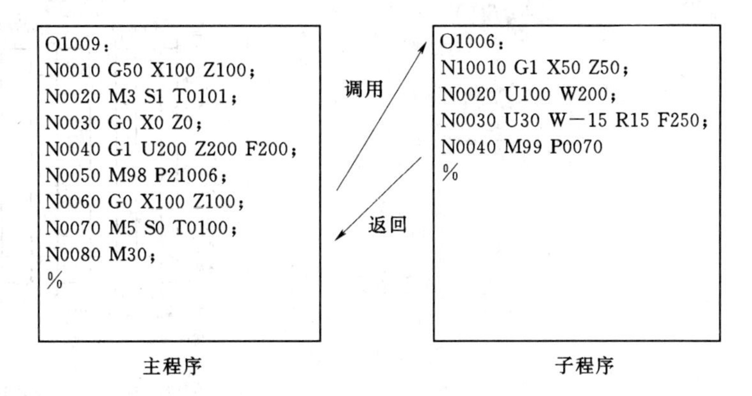

图 2-10-2　P 指定返回

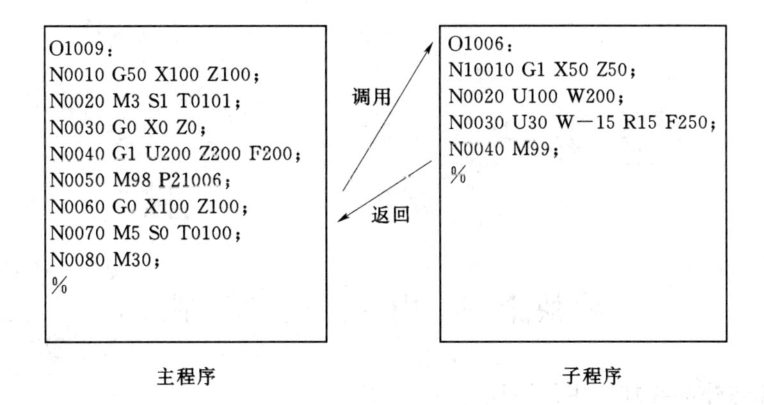

图 2-10-3　无指定返回

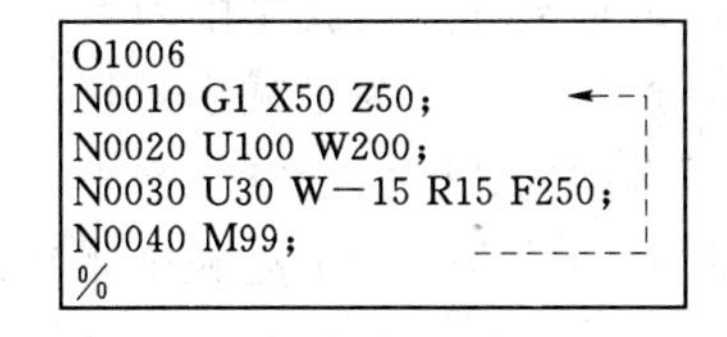

图 2-10-4　程序 M99 指令结尾

(2) 子程序调用的嵌套，GSK980TD 系统可以有四重。即在子程序中再调用其他子程序。

(3) 子程序调用，在车床系统中较少使用，但在铣床系统中得到广泛应用。

如图 2-10-5 所示，现需要进行切槽加工，工件上的槽宽度都为 5mm，加工使用 4 号刀位上的外圆槽刀，刀宽为 4mm，使用 4 号刀具偏置。

主程序：

```
O0031
G98M03S600T0404
G00X48Z－9
M98P5656
```

```
G00Z-20
M98P5656
G00Z-32
M98P5656
G00Z-41
M98P5656
G00X100Z100
M05
M30
```

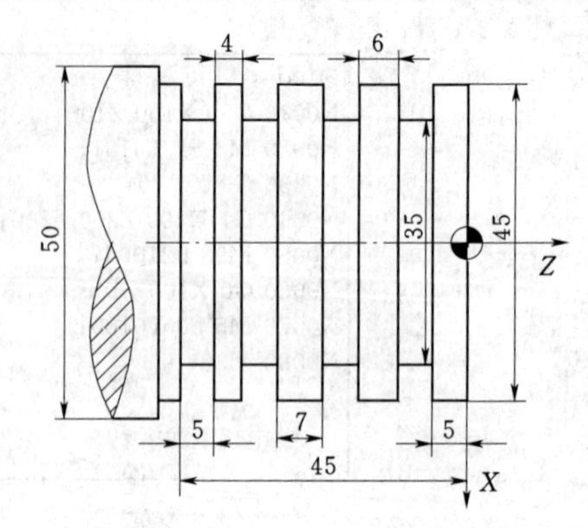

图 2-10-5　工件图（30）

子程序：

```
O5656
G01X35F60
X48F150
G00W-1
G01X35F60
X48F150
M99
```

模块十一　内孔的车削

一、内孔与外圆在加工中的不同

内孔的车削，也称镗孔，是在有孔的基础上进行扩孔的加工，所以内孔在车削前一般会先进行钻孔加工或采用带孔的成形毛坯。内孔车削刀具一般都为细长形，能承受的切削力要比外圆车刀小，刀具很容易产生变形，为了减小刀具变形带来的问题，内孔车刀每次的切削量相对于外圆车刀要小。车削内孔时由于空间窄小，不方便排屑，大量的切削热散发不出去，这会严重影响加工尺寸的精度。为了克服排屑问题，在车削内孔时刀具的选择与刃磨很关键。车削通孔时，一般会选择正刃倾角内孔车刀，通过未加工表面向前排屑。车削非通孔时，选择负刃倾角内孔车刀，通过已加工表面向后排屑。为了降低切削温度，在车削时，最好浇注冷却液，帮助排屑降温。在车削外圆时，径向尺寸是逐渐减小的，而车削内孔时，径向切削尺寸是逐渐增大的，在使用不同的指令进行车削内孔时，要注意径向尺寸的变化以及指令参数的正确设定。

二、加工实例

如图 2-11-1 所示，毛坯已钻削处理，钻孔孔径为 28mm，现加工内孔并车削螺纹，1 号刀位内孔粗车刀，使用 1 号刀具偏置，2 号刀位内孔精车刀具，使用 2 号刀具偏置，3 号刀位内孔螺纹车刀，使用 3 号刀具偏置。

```
O0031
G98M03S600T0101
G00X26Z2
```

```
M08
G71U2R1F100
G71P10Q20U-0.2W0.05
G00X46
G01X38Z-2
Z-26
X30W-4
N20Z-52
M09
G00X100Z100
S1000T0202
G00X26Z2
M08
G70P10Q20
M09
G00X100Z100
S500T0303
G00X35Z6
M08
G92X39Z-26J2K1F2
X39.7
X40
M09
G00X100Z100
M05
M30
```

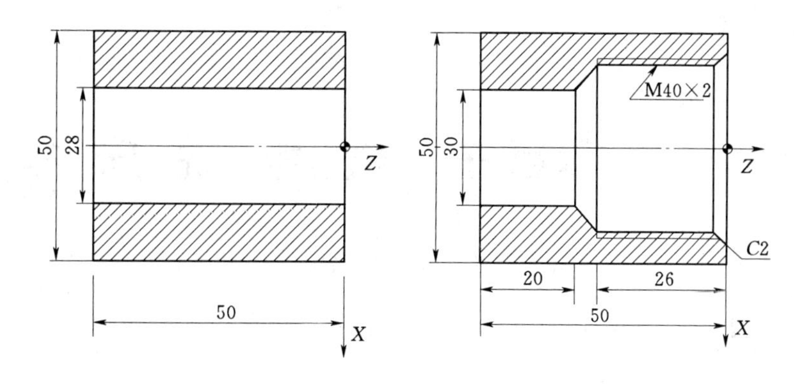

图 2-11-1 工件图（31）

大家会注意到，G71 的定刀点 X 值小于钻孔径，径向精车留量设定的是负值，描述程序的径向尺寸是从大到小进行描述的，这些都是与外圆车削不同的。G92 螺纹车削的径向尺寸也是与外圆车削相反的。

项目三　数 控 铣 床 操 作

数控铣床本书以 FANUC 为讲述范例。

模块一　数控铣床的基本概述

一、数控铣床的加工范围

铣削是数控铣床机械加工中最常用的加工方法之一，主要包括平面铣削和轮廓铣削，可以对零件进行加工与攻丝等，适用于采用数控铣削的零件有箱体和曲面类的零件。

（1）平面类零件。这类零件的特点是各个加工表面都是平面，或可以展开为平面。目前，在数控铣床上加工的绝大多数零件用于平面类零件。平面类零件是数控铣削加工对象中最简单的一类，一般只需要用三坐标数控铣床的两坐标联动（即两轴半坐标加工）即可加工。

（2）变斜角类零件。加工面与水平面的夹角成连续变化的零件称为变斜角类零件。加工变斜角类零件最好采用四坐标或五坐标数控铣床摆角加工，若没有上述机床，也可在三坐标数控铣床上采用两轴半控制的行切法进行近似加工。

（3）曲面类零件。加工面为空间曲面的零件称为曲面类零件。曲面类零件的加工面与铣刀始终为点接触，一般采用三坐标数控铣床加工。

二、数控铣床的分类

1. 按主轴的位置分类

（1）数控立式铣床 。数控立式铣床在数量上一直占据数控铣床的大多数，应用范围也最广。从机床数控系统控制的坐标数量来看，目前三坐标数控立铣仍占大多数，一般可进行三坐标联动加工，但也有部分机床只能进行三个坐标中的任意两个坐标联动加工（常称为 2.5 坐标加工）。此外，还有机床主轴可以绕 X、Y、Z 坐标轴中的其中一个或两个轴作数控摆角运动的四坐标和五坐标数控立铣。

（2）卧式数控铣床。卧式数控铣床与通用卧式铣床相同，其主轴轴线平行于水平面。为了扩大加工范围和扩充功能，卧式数控铣床通常采用增加数控转盘或万能数控转盘来实现四、五坐标加工。这样，不但工件侧面上的连续回转轮廓可以加工出来，而且可以实现在一次安装中，通过转盘改变工位进行“四面加工”。

（3）立卧两用数控铣床。目前，这类数控铣床已不多见，由于这类铣床的主轴方向可以更换，能达到在一台机床上既可以进行立式加工，又可以进行卧式加工，而同时具备上

述两类机床的功能，其使用范围更广，功能更全，选择加工对象的余地更大，且给用户带来不少方便。特别是生产批量小，品种较多，又需要立、卧两种方式加工时，用户只需买一台这样的机床就行了。

2. 按构造分类

(1) 工作台升降式数控铣床。这类数控铣床采用工作台移动、升降，而主轴不动的方式。小型数控铣床一般采用此种方式。

(2) 主轴头升降式数控铣床。这类数控铣床采用工作台纵向和横向移动，且主轴沿垂向溜板上下运动；主轴头升降式数控铣床在精度保持、承载重量、系统构成等方面具有很多优点，已成为数控铣床的主流。

(3) 龙门式数控铣床。这类数控铣床主轴可以在龙门架的横向与垂向溜板上运动，而龙门架则沿床身作纵向运动。大型数控铣床，因为要考虑到扩大行程、缩小占地面积及刚性等技术上的问题，往往采用龙门架移动式。

三、数控铣床的型号

根据我国《金属切削机床型号编制方法》(GB/T 15375—2008)，数控铣床的类代号为X（铣），通用特性代号为K（数控），通过这两个代号就可以确定是不是数控铣床了。数控铣床型号还会有一些其他信息，比如组别代号，它可以反应出机床是什么样的结构用途。铣床的组别如表3-1-1所示。

表3-1-1　　铣床组别

组别类别	0	1	2	3	4	5	6	7	8	9
铣床X	仪表铣床	悬臂及滑枕铣床	龙门铣床	平面铣床	仿形铣床	立式升降台铣床	卧式升降台铣床	床身铣床	工具铣床	其他铣床

铣床的主要参数是工作台工作面宽度，这里大家要注意，龙门铣的参数折算率为1/100，其他多为1/10。

这里不再详解数控铣床的型号，如果大家有需要，可以查找国家标准。

四、数控铣床的结构组成

数控铣床的组成部分与数控车床相仿，由铣床主机、控制部分、驱动部分、辅助部分等组成。

各部分的功能这里就不详解了。

模块二　数控铣床面板

一、系统面板

操作面板由NC系统生产厂商FANUC公司提供，如图3-2-1所示。

系统面板有数字键、字母键、功能键、光标移动键等组成，各键功能如表3-2-1所示。

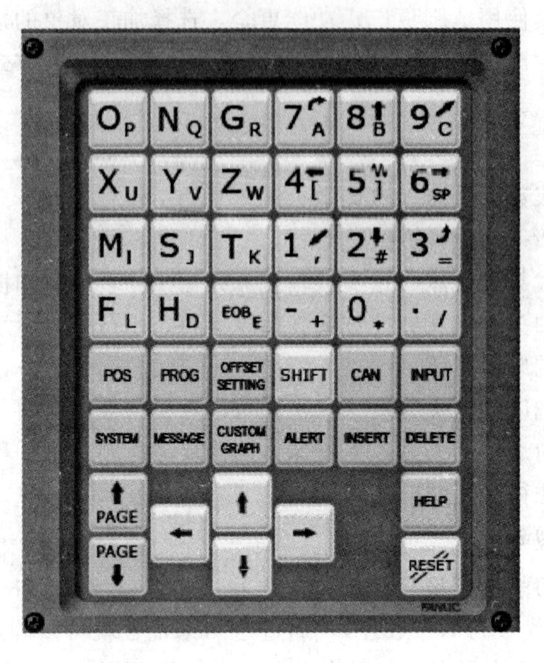

图 3-2-1　FANUC 面板

表 3-2-1　　**FANUC 面板按钮功能**

键　名	名　称	功能详细说明
RESET	复位键	按下此键可以使 CNC 复位或者取消报警、主轴故障复位、中途退出自动运行操作等
HELP	帮助键	当对 MDI 键的操作不明白时，按下此键可以获得帮助功能
SHIFT	换挡键	按下此键可以在地址和数字键上进行字符切换，同时在屏幕上显示一个特殊的字符“∧”，此时即可输入键右下角的字符
INPUT	输入键	要将输入缓存里的数据（参数）拷入到编置寄存器中，按下此键才能输入到 CNC 内
CAN	取消键	按下此键，删除最后一个进入输入缓存里的字符和符号
ALTER	替换键	在编程时用于替换已在程序中的字符
INSERT	插入键	按下此键，将输入在缓存里的字符输入在 CNC 程序中
DELETE	删除键	按下此键，删除已输入的字符及删除在 CNC 中的程序
POS	位置显示键	按下此键，屏幕显示铣床的工作坐标位置
PROG	程序显示键	按下此键，显示内存中的信息和程序。在 MDI 方式下，输入和显示 MDI 数据
OFFSET	偏置/设置键	按下此键，显示刀具偏置量数值、工作坐标系设定和主程序变量等
SETTING		参数的设定
SYSTEM	系统显示键	按下此键，显示和设定参数表及自诊断表的内容
MESSAGE	报警显示键	按下此键，显示报警信息

续表

键　名	名　称	功能详细说明
CUSTOM GRAPH	图形显示键	按下此键，显示图形加工的刀具轨迹和参数
PAGE	换页键	按下此键，用于 CRT 屏幕选择不同的面面。(前后翻页)
EOB	程序段号键	按下此键为输入程序段结束符号（;），接着自动显示新的顺序号

另外系统面板上还有光标移动键，在 CRT 屏幕页面上按这些光标移动键使光标向上、下、左、右等方向移动；地址和数字键，按下这些键，可以输入字母、数字或其他字符。

在 CRT 屏幕下还有软键，根据不同的画面，软键有不同的功能。软键功能显示在屏幕的底端，如图 3-2-2 所示。

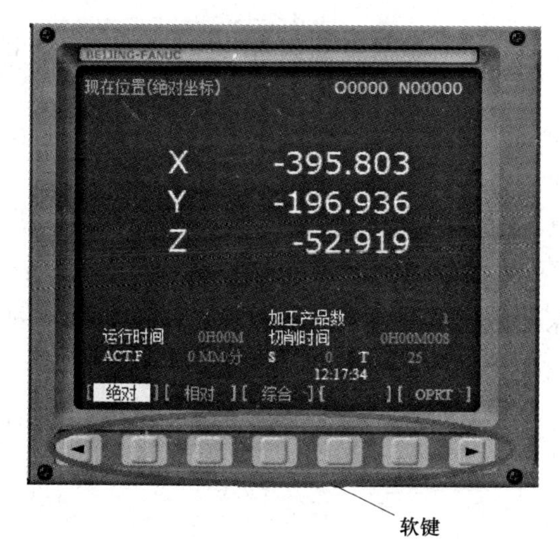

图 3-2-2　FANUC 系统软键

二、机床控制面板

机床控制面板是机床生产厂家自己设计的操作面板，所以不同生产厂家的机床控制面板都略有不同，但都很相似。下面介绍常见的机床控制面板按钮，并解释一下它们的功能。

EDIT：编辑方式，用于直接通过操作面板输入数控程序和编辑程序。

AUTO：自动方式，进入自动加工模式。

MDI：MDI 方式，单程序段执行模式。

JOG：手动方式，连续移动。

HNDL：手轮方式，可以使用手轮控制轴运动。

ZRN/REF：回零方式，机床回零，机床必须首先执行回零操作，然后才可以运行。

COOLANT：冷却液开关。

CYCLE START：循环启动程序运行开始，模式选择旋钮在 AUTO 或 MDI 位置时按下有效，其余模式下使用无效。

SBK：单段按钮，将此按钮按下后运行程序时每次执行一条数控指令。

BDT：选择跳过开关，当此按钮按下时程序中的“/”有效。

FEED HOLE：进给保持程序运行暂停，在程序运行过程中，按下此按钮运行暂停。

CCW：主轴反转。

STOP：主轴停止。

CW：主轴正转。

DRN：空运行，按照机床默认的参数执行程序。

MLK：机床锁定 X、Y、Z 三方向轴全部被锁定，此键按下时机床不能移动。

MST. LK：辅助功能锁，机床辅助功能指令被锁定，一切辅助功能无效。

SBK：单步开关，当按下此按钮时，运行程序时每次执行一条数控指令。

JBK：选择跳过开关，当按下此按钮时，数控程序中的跳过符号“/”有效。

轴进给键：在手动方式下，用于控制各轴的运动方向。一般的三轴铣床共有轴进给键6个，分别是$+X$、$+Y$、$+Z$、$-X$、$-Y$、$-Z$。

RIPID：快速进给键，在手动方式下进行快速与进给的切换。

主轴倍率旋钮：在自动或者手动操作主轴时，转动此旋钮可以调整主轴的转速。

快速倍率旋钮：用于调整手动或者自动模式下的快速进给速度；在JOG模式下，调整快速进给及返回参考点时的进给速度；在自动模式下，调整G00、G28、G30指令进给速度。

进给倍率旋钮：以给定的F指令进给时，可在一定的范围内进行百分比的进给率修改。

系统电源开关：绿色键，机床系统电源开；红色键，机床系统电源关。

急停按键：紧急情况下按下此按键，机床停止一切运动。

回零指示灯：在回零操作时，反映各轴是否回到机械零点，回到零点的轴则相对应的灯亮。

除了上面介绍的，有些厂家为了增加机床的功能，还会增加一些按键，如工作灯、排屑等。

模块三　程　序　操　作

一、程序的建立

向NC的程序存储器中加入一个新的程序号的操作称为程序的建立，操作方法如下：

(1) 选择“编辑（EDIT)”工作方式。

(2) 程序保护钥匙开关置“解除”位。

(3) 按PROGRAM键。

(4) 键入地址O（按O键）。

(5) 键入程序号（数字）。

(6) 按INSERT键。

二、程序的删除

1. 单个程序的删除

(1) 系统处于EDIT工作方式。

(2) 按下功能键PROGRAME。

(3) 显示程序显示画面，输入要删除的程序名。

(4) 按DELETE键，程序被删除。

2. 全部程序的删除

如果要删除存储器里的所有程序，则输入：O－9999，再按DELETE键。

三、程序的选择

程序的选择也叫调出程序，是从系统存储的多个程序中找到并打开的过程。

（1）选择“程序编辑”或“自动运行”工作方式。

（2）按 PROGRAM 键。

（3）键入地址 O（按 O 键）。

（4）键入程序号（数字）。

（5）按向下光标键（标有 CURSOR 的↓键）。

（6）搜索完毕后，被搜索程序的程序号会出现在屏幕的右上角。如果没有找到指定的程序号，则会出现报警。

四、插入一段程序

该功能用于输入或编辑程序，方法如下：

（1）调出需要编辑或输入的程序。

（2）使用翻页键（标有 PAGE 的↑/↓键）和上下光标键（标有 CURSOR 的↑/↓键）将光标移动到插入位置的前一个词下。

（3）键入需要插入的内容。此时键入的内容会出现在屏幕下方，该位置被称为输入缓存区。

（4）按 INSERT 键，输入缓存区的内容被插入到光标所在的词的后面，光标则移动到被插入的词下。

当输入内容在输入缓存区时，使用 CAN 键可以从光标所在位置起一个一个地向前删除字符。程序段结束符“;”使用 EOB 键输入。

五、删除一段程序

（1）调出需要编辑或输入的程序。

（2）使用翻页键（标有 PAGE 的↑/↓键）和上下光标键（标有 CURSOR 的↑/↓键）将光标移动到需要删除内容的第一个词下。

（3）键入需要删除内容的最后一个词。

（4）按 DELETE 键，从光标所在位置开始到被键入的词为止的内容全部被删除。

不键入任何内容直接按 DELETE 键将删除光标所在位置的内容。如果被键入的词在程序中不止一个，被删除的内容为到距离光标最近的一个词为止。如果键入的是一个顺序号，则从当前光标所在位置开始到指定顺序号的程序段都被删除。键入一个程序号后按 DELETE 键，则指定程序号的程序将被删除。

六、修改一个词

（1）方式选择开关置“程序编辑”或“自动运行”位。

（2）调出需要搜索的程序。

（3）键入需要搜索的词。

（4）按向下光标键（标有 CURSOR 的↓键）向后搜索或按向上光标键（标有 CURSOR 的↑键）向前搜索。遇到第一个与搜索内容完全相同的词后，停止搜索并使光标停在该词下方。

（5）键入替换该词的内容，可以是一个词，也可以是几个词甚至几个程序段（只要输入缓存区容纳得下）。

（6）按 Enter 键，光标所在位置的词将被输入缓存区的内容替代。

七、复制程序

通过复制可以生成一个新的程序。具有程序号 xxxx 的程序被复制，并重新创建一个程序号为 yyyy 的程序，通过复制创建的程序除了程序号，其他都和原程序一样。

（1）进入 EDIT 方式。

（2）按下功能键 PROG。

（3）按下软键［（OPRT)］。

（4）按下菜单继续键。

（5）按下软键［EX－EDT］。

（6）检查复制的程序是否已经选择，并按下软键［COPY］。

（7）按下软键［ALL］。

（8）输入新建的程序号，使用数字键，并按下 INPUT 键。

（9）按下软键［EXEC］。

模块四　机　床　操　作

一、开、关机操作

在操作机床之前必须检查机床是否正常，并使机床通电，开机顺序如下：

（1）开机床总电源。

（2）开机床稳压器电源。

（3）开机床电源。

（4）开数控系统电源（按控制面板上的 POWER ON 按钮）。

（5）把系统急停键旋起。

关机操作与开机操作动作步骤相反。

二、回零操作

CNC 机床上有一个确定机床位置的基准点，这个点称为参考点，也称为零点。通常机床开机以后，第一件要做的事情就是使机床返回到参考点位置。如果没有执行返回参考点就操作机床，机床的运动将不可预料。行程检查功能在执行返回参考点之前不能执行。机床的误动作有可能造成刀具、机床本身和工件的损坏，甚至伤害到操作者。所以机床接通电源后必须正确地使机床返回参考点。机床返回参考点有手动返回参考点和自动返回参考点两种方式。一般情况下都采用手动返回参考点方式。

手动返回参考点就是用操作面板上的开关或者按钮将刀具移动到参考点位置，具体操作如下：

（1）将机床工作模式旋转到 ZRN/REF 回零方式。

（2）按机床控制面板上的＋Z 轴，使 Z 轴回到参考点（指示灯亮）。

（3）再按＋X 轴和＋Y 轴，两轴可以同时进行返回参考点。

自动返回参考点就是用程序指令将刀具移动到参考点。

例如执行程序：G91 G28 Z0；（Z 轴返回参考点）

X0 Y0；（X、Y 轴返回参考点）

注：为了安全起见，一般情况下机床回参考点时，必须先使 Z 轴回到机床参考点后才可以使 X、Y 返回参考点。X、Y、Z 三个坐标轴的参考点指示灯亮起时，说明三条轴分别回到了机床参考点。

三、手动操作

手动模式操作有手动连续进给和手动快速进给两种。

在手动连续（JOG）方式中，按住操作面板上的进给轴（$+X$、$+Y$、$+Z$ 或者 $-X$、$-Y$、$-Z$），会使刀具沿着所选轴的所选方向连续移动。JOG 进给速度可以通过进给速率按钮进行调整。

在快速移动（RIPID）模式中，按住操作面板上的进给轴及方向，会使刀具以快速移动的速度移动。RIPID 移动速度通过快速速率按钮进行调整。

手动连续进给（JOG）操作的步骤如下：

（1）按下方式选择开关的手动连续（JOG）选择开关。

（2）通过进给轴（$+X$、$+Y$、$+Z$ 或者 $-X$、$-Y$、$-Z$）选择将要使刀具沿其移动的轴和方向。按下相应的按钮时，刀具以参数指定的速度移动。释放按钮，移动停止。

快速移动进给（RIPID）的操作与 JOG 方式相同，只是移动的速度不一样，其移动的速度跟程序指令 G00 的一样。

注：手动进给和快速进给时，移动轴的数量可以是 XYZ 中的任意一个轴，也可以是 XYZ 三个轴中的任意两个轴一起联动，甚至是三个轴一起联动，这个是根据数控系统参数设置而定的。

四、手轮操作

在 FANUC 数控系统中，手轮是一个与数控系统以数据线相连的独立个体。它由控制轴旋钮、移动量旋钮和手摇脉冲发生器组成。

在手轮进给方式中，刀具可以通过旋转机床操作面板上的手摇脉冲发生器微量移动。手轮旋转一个刻度时，刀具移动的距离根据手轮上的设置有三种不同的移动距离，分别为：0.001mm、0.01mm、0.1mm。具体操作如下：

（1）按下方式选择的手轮方式选择开关。

（2）按下手轮进给轴选择开关选择刀具要移动的轴。

（3）通过手轮进给放大倍数开关选择刀具移动距离的放大倍数。旋转手摇脉冲发生器一个刻度时刀具移动的最小距离等于最小输入增量（倍数为 1 时）。

（4）旋转手轮以手轮转向对应的方向移动刀具，手轮旋转 360°刀具移动的距离相当于 100 个刻度的对应值。

注：手轮进给操作时，一次只能选择一个轴的移动。手轮旋转操作时，请按每秒 5 转以下的速度旋转手轮。如果手轮旋转的速度超过了每秒 5 转，刀具有可能在手轮停止旋转后还不能停止下来或者刀具移动的距离与手轮旋转的刻度不相符。

五、MDI 录入操作

在 MDI 方式中，通过 MDI 面板可以编制最多 10 行的程序并被执行，程序的格式和普通程序一样。MDI 运行适用于简单的测试操作，比如检验工件坐标位置、主轴旋转等一些简短的程序。MDI 方式中编制的程序不能被保存，运行完 MDI 上的程序后，该程序会消失。

使用 MDl 键盘输入程序并执行的操作步骤如下：

（1）将机床的工作方式设置为 MDI 方式。

（2）按下 MDI 操作面板上的 PROG 功能键选择程序屏幕，并自动加入程序号 O0000。通过系统操作面板输入一段程序。

（3）按下 EOB 键，再按下 INPUT 键，则程序结束符号被输入。

（4）按循环启动按钮，则机床执行之前输入好的程序。

为了执行程序，必须将光标移动到程序头，从中间点启动执行也是可以的，按下操作者面板上的循环启动按钮，于是程序启动运行，当执行程序结束语句（M02 或 M30）或者执行 ER（%）后程序自动清除并且运行结束。

在 MDI 方式编制程序可以用插入、修改、删除、字检索、地址检索和程序检索等操作。当在 MDI 方式中编制了一个程序后，就会用到程序存储器中的一块空的区域，如果程序存储器已满，则在 MDI 方式中不能编制任何的程序。

六、设置工件坐标系（对刀）操作

工件加工时使用的坐标系称为工件坐标系。工件坐标系由 CNC 预先设置（设置工件坐标系）。一个加工程序设置一个工件坐标系（选择一个工件坐标系）。设置工件坐标系的过程也称对刀操作。设置的工件坐标系可以用移动它的原点来改变（改变工件坐标系）。

设置工件坐标系的方法有以下三种：

（1）用 G92 法。

在程序中，在 G92 之后指定一个值来设定工件坐标系。

(G90)G92 X__ Y__ Z__

设定工件坐标系，使刀具上的点，如刀尖，在指定的坐标值位置。如果在刀具长度偏置期间用 G92 设定坐标系，则 G92 用无偏置的坐标值设定坐标系。刀具半径补偿被 G92 临时删除。如图 3-4-1 所示，刀具半径为 5mm。

当执行 G92X55Y－25.09Z5 时，就相当于以铣刀底面中心点为基准点，并把以此为基准点的工件坐标系设定在工件上表面的中心点上，如图 3-4-2 所示。

（2）自动设置。

当执行手动返回参考点时，系统会自动设定工件坐标系。

当在参数 1250 号中设置了 α、β 和 γ 时，就确定了工件的坐标系。因此当执行参考点返回时刀具夹头的基准点或者参考刀具的刀尖位置即为 $X=\alpha$，$Y=\beta$，$Z=\gamma$。这与执行下面的指令进行参考点返回是一样的：

G92XαYβZγ

（3）用 G54～G59 工件坐标系。

使用 CRT/MDI 面板可以设置 6 个工件坐标系。用绝对值指令时，必须用上述方法建立工件坐标系。

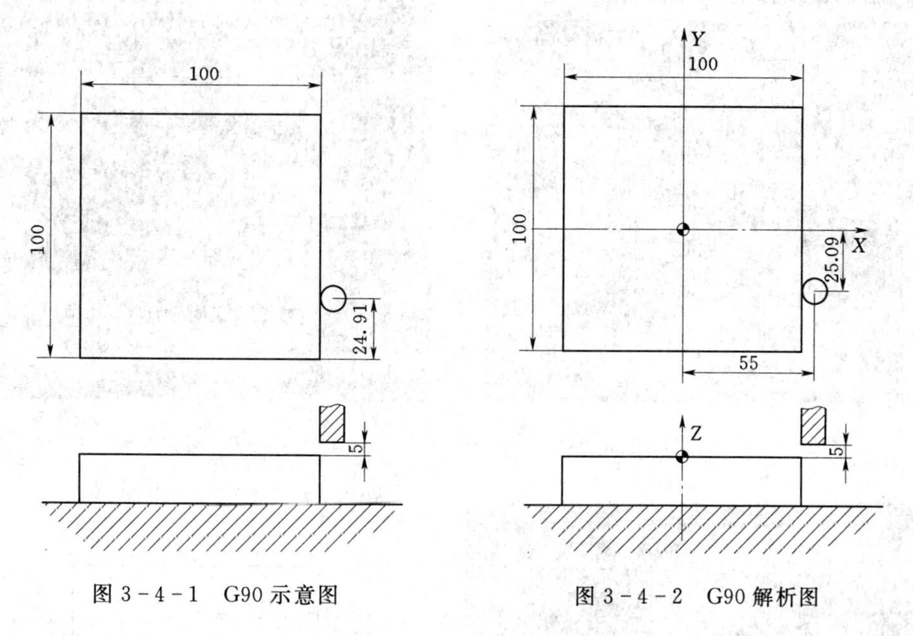

图 3-4-1　G90 示意图　　　　图 3-4-2　G90 解析图

现在用于铣床对刀的辅助工具有很多，如对刀仪、寻边器、Z 轴设定器等，但原理是一样的，我们以试切对刀法为例来介绍对刀的步骤。

（1）转动主轴。

（2）更换为手动或手轮方式进行轴运动控制。

（3）让刀具轻轻地接触工件的左边端面，有切屑出现即停止，如图 3-4-3 所示。

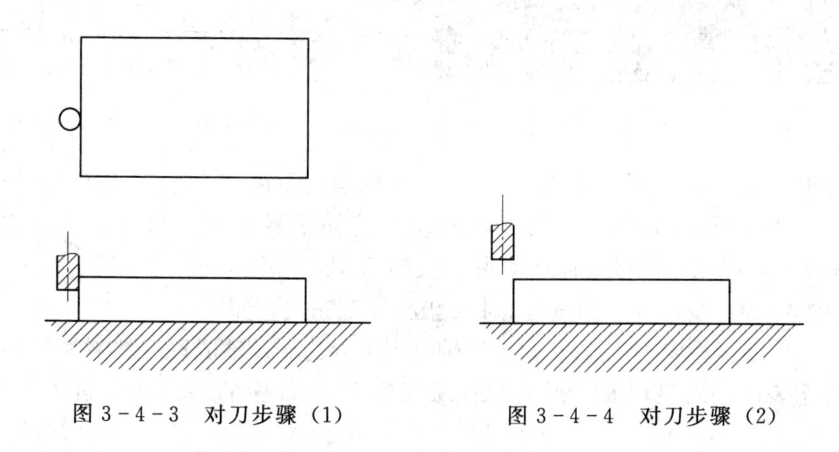

图 3-4-3　对刀步骤（1）　　　　图 3-4-4　对刀步骤（2）

（4）抬高 Z 轴，刀具与工件分离，如图 3-4-4 所示。

（5）按 POS 键，进入坐标系页面并选择相对坐标页面显示，如图 3-4-5 所示。

（6）按 X 键，相对坐标的 X 坐标值会闪动显示，如图 3-4-6 所示。

（7）按屏幕下的软键 ORIGIN，对 X 相对坐标清零，如图 3-4-7 所示。

（8）移动刀具，让刀具再轻轻地接触工件的右边端面，有切屑出现即停止，并抬高 Z

轴如图 3-4-8 所示。

图 3-4-5 对刀步骤（3）

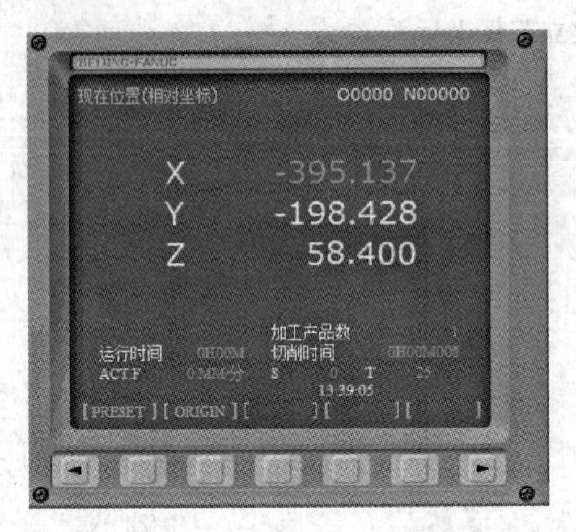

图 3-4-6 对刀步骤（4）

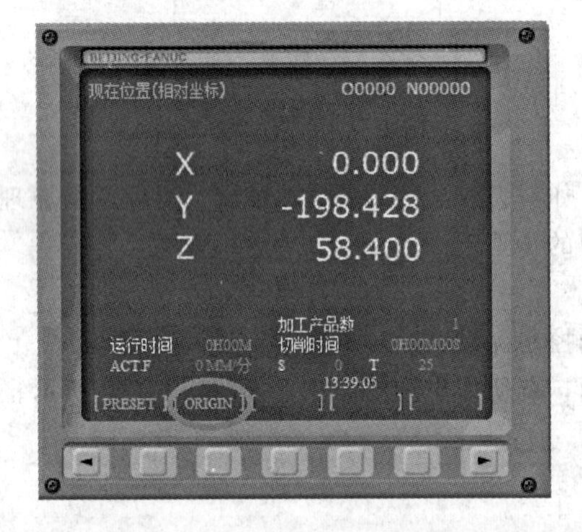

图 3-4-7 对刀步骤（5）

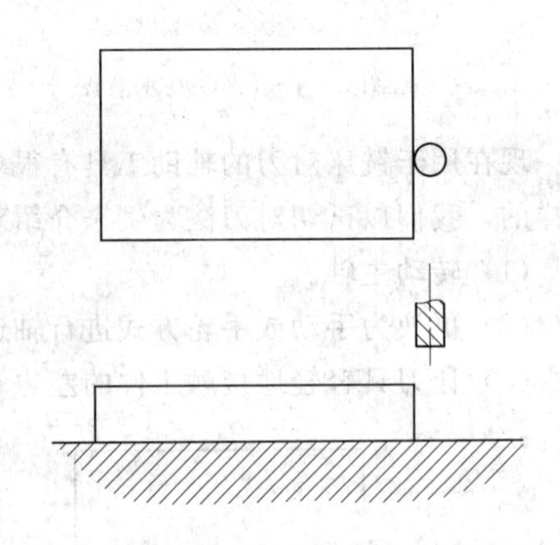

图 3-4-8 对刀步骤（6）

（9）这时，把相对坐标 *X* 值除以 2，并把主轴运动至该 *X* 值处，如图 3-4-9 所示。

（10）按 OFFSET SETTNG 按钮，进入工具补正界面，按软键“坐标系”，进入 G54—G59 界面，用光标键将光标移动到 G54 的 *X* 处，如图 3-4-10 所示。

（11）键入 X0，按软键“测量”，则 *X* 坐标设定完成，如图 3-4-11 所示。

Y 轴的工件坐标设定与 *X* 轴相仿，*Y* 轴是上下寻边。*Z* 轴的设定就更加简单，刀具轻轻接触工件上表面，出现切屑，则至 OFFSET SETTNG 中的 G54 处，键入 Z0，再进行“测量”。

试切对刀设定工件坐标不是很精确，这种方法主要是用于未经过加工处理的工件毛坯。对于经过精处理的毛坯，对刀时则最好使用寻边器、*Z* 轴设定器来进行设置工作。寻边器与 *Z* 轴设定器的样式很多，但使用方法相近，设定工件坐标的过程与试切对刀法相近。

下面介绍圆柱面与圆柱孔对刀。

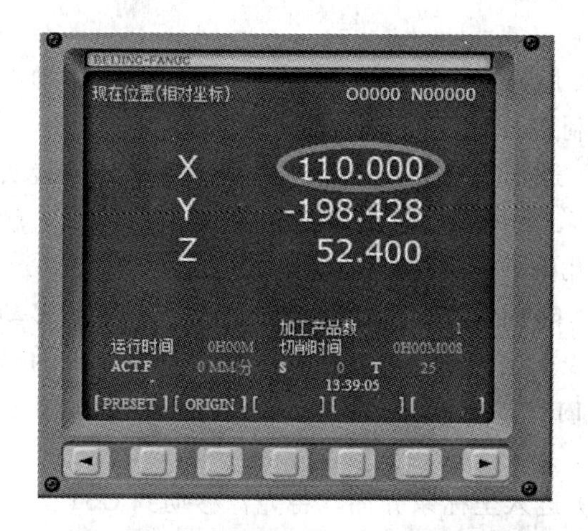

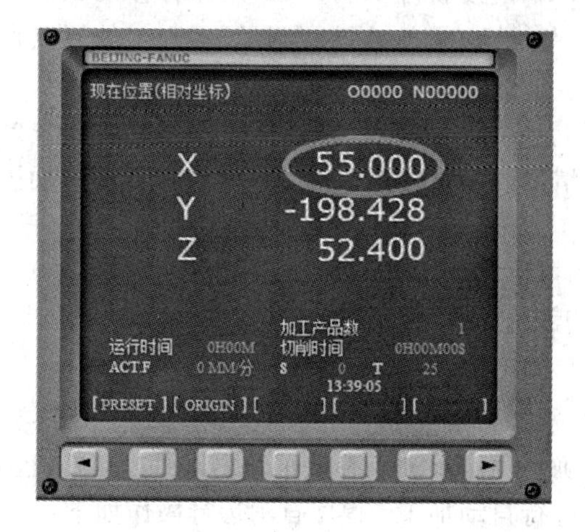

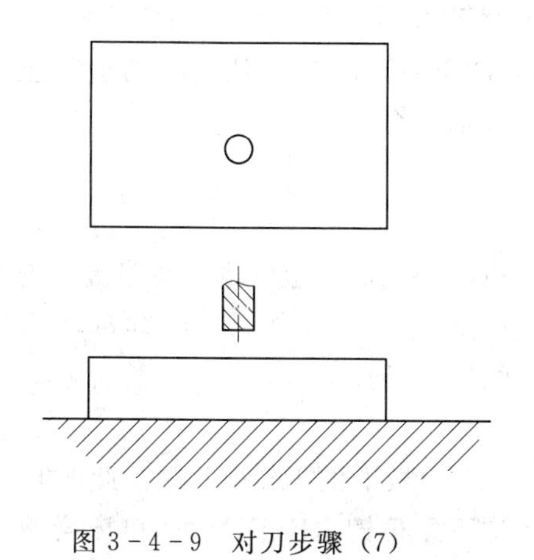

图 3-4-9　对刀步骤（7）

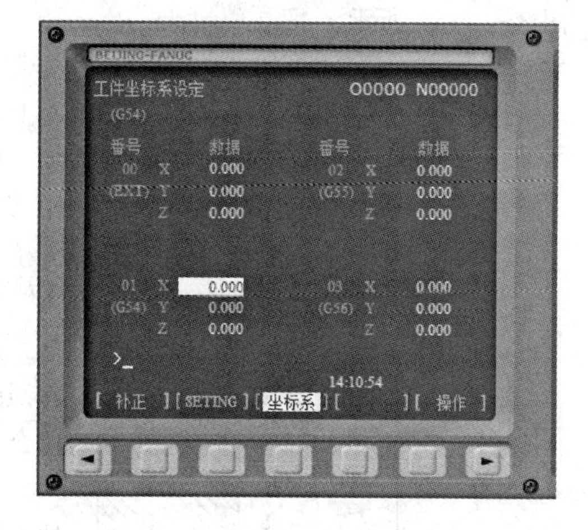

图 3-4-10　对刀步骤（8）

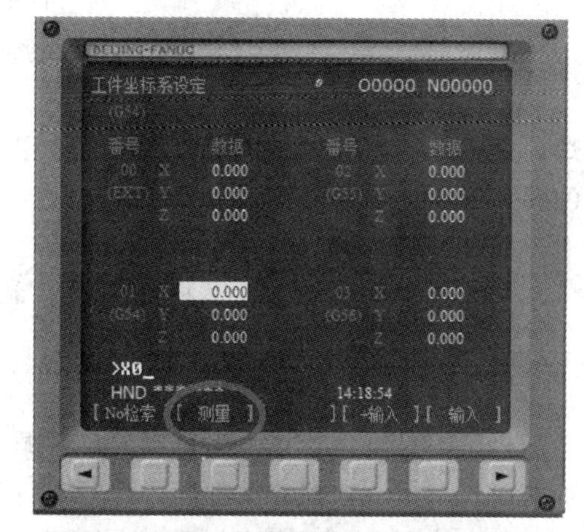

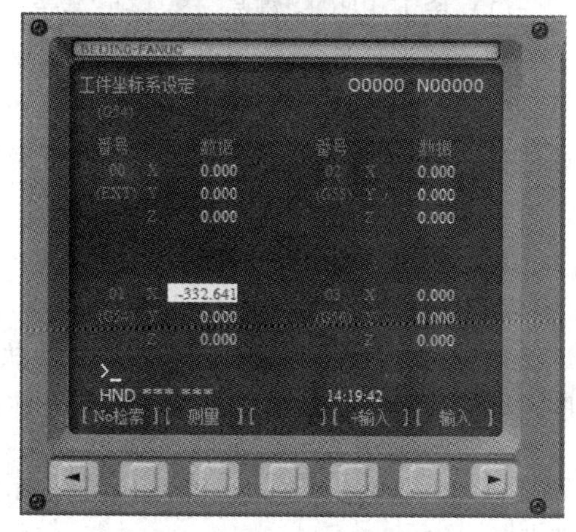

图 3-4-11　对刀步骤（9）

对圆柱面或圆柱孔进行加工，需要把工件坐标建立中心线上。对于要求不是很高的，也可以采用试切法。对于已经处理的，则需要利用杠杆百分表（或千分表）进行对刀，如

图3-4-12所示。

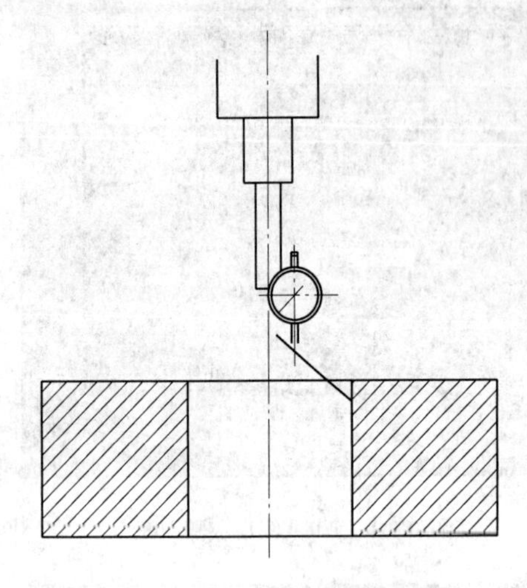

图3-4-12　内孔百分表对刀

(1) 用磁性表座将杠杆百分表吸在机床主轴端面上，利用MDI方式使主轴低速正转。

(2) 进入手轮方式，摇动手轮，使旋转的表头按X、Y、Z的顺序逐渐接近孔壁（或圆柱面），触头接触孔壁（或圆柱面）。

(3) 降低倍率，摇动手轮，调整X、Y的移动量，使表头旋转一周时其指针的跳动量在允许的对刀误差内。此时可认为主轴轴线与被测孔中心重合。

(4) 进入坐标系界面，将光标移动到G54的X处，键入X0，按软键"测量"，光标再移动到G54的Y处，键入Y0，按软键"测量"，则工件原点设定完成。

百分表（或千分表）对刀这种操作方法比较麻烦，效率较低，但对刀精度较高，对被测孔的精度要求也较高，最好是经过铰孔或镗加工的孔，仅粗加工后的孔不宜采用。

模块五　程　序　运　行

一、自动运行的启动

机床的自动运行也称为机床的自动循环。确定程序及加工参数正确无误后，选择自动加工模式，按下数控启动键运行程序，对工件进行自动加工。程序自动运行操作如下：

(1) 按下PROG键显示程序屏幕。

(2) 按下地址键O以及用数字键输入要运行的程序号，并按下O SRH键。

(3) 按下机床操作面板上的循环启动键（CYCLE START）。所选择的程序会启动自动运行，启动键的灯会亮。当程序运行完毕后，指示灯会熄灭。

二、自动运行的停止

1. 停止自动运行

在中途停止或者暂停自动运行时，可以按下机床控制面板上的进给暂停键，进给暂停进给指示灯亮，并且循环指示灯熄灭。执行暂停自动运行后，如果要继续自动执行该程序，则按下循环启动键，机床会接着之前的程序继续运行。

2. 终止自动运行

要终止程序的自动运行操作时，可以按下MDI面板上的RESET键，此时自动运行被终止，并进入复位状态。当机床在移动过程中按下复位键RESET时，机床会减速直到停止。

三、从程序中间执行自动运行

在实际加工中，有时会因为某种原因中断加工，进行调整后再进行加工，所以需要掌

握从程序中间执行的方法。

(1) 按下 PROG 键显示程序屏幕。

(2) 选择并打开要执行的程序。

(3) 查找要重执行的行号，并将光标移至行号。

(4) 按循环启动键执行程序。

在程序中间执行，务必确保程序切入点无误，主轴正转，刀具安全，以免发生人身危险。

四、自动执行状态下的倍率调整

在自动执行状态下，可以根据自己的要求进行主轴、进给、快速的倍率调整。主轴、进给、快速的调整都是以百分比的形式出现的，实际数值＝程序设定值×倍率百分比。快速移动的设定移动速度由系统 NO. 1420 设置。

五、与自动执行有关的运行状态

1. 机床锁

按下机床操作面板上的机床锁件开关，刀具不再移动，但是显示器上沿每一轴运动的位移在变化，就像刀具在运动一样。有些机床的每个轴都有机床锁住功能，在这种机床上，按下机床锁住开关，选择将要锁住的轴。

2. 辅助功能锁

按下机床操作面板上的辅助功能锁住开关 M、S、T 和 B 代码被禁止，输出并且不能执行。

M00、M01、M02、M30、M98 和 M99 指令即使在辅助功能锁住的状态下也能执行。调用子程序的 M 代码（参数 NO. 6071～6079）和调用宏程序的 M 代码（参数 NO. 6080 到 6089）也可以执行。

3. 空运行

刀具按参数指定的速度移动，而与程序中指令的进给速度无关，该功能用来在机床不装工件时检查刀具的运动。

在自动运行期间，按下机床操作面板上的空运行开关，刀具按参数中指定的速度移动，快速移动开关也可以用来更改机床的移动速度。

空运行的速度根据快速移动开关和参数变化如表 3-5-1 所示。

表 3-5-1　速度开关与参数变化

快速移动按钮	程序指令	
	快速移动	进给
开	快速移动速度	空运行速度×Max. JV *2
关	空运行速度×JV，或者快速移动速度 *1	空运行速度×Max. JV *2

最大切削进给速度：由参数 NO. 1422 设置。

快速移动速度：由参数 NO. 1420 设置。

空运行速度：由参数 NO. 1410 设置。

JV：JOG 进给倍率。

＊1：当参数 RDR（NO.1401＃6）为 1 时为空运行速度×JV；当 RDR 为 0 时，为快速移动速度。

＊2：限制在最大的快速移动速度。

JVmax：JOG 进给速度倍率的最大值。

4. 单段执行

按下单程序段方式开关进入单程序段工作方式，在单程序段方式中按下循环启动按钮后，刀具在执行完程序中的一段程序后停止，通过单段方式一段一段地执行程序。按下循环启动按钮执行下一段程序，刀具在该段程序执行完毕后停止。

项目四　数控铣床编程

模块一　简单工件的铣削

一、数控铣床编程基础

1. 坐标

在 FANUC 数控铣中，所使用的坐标依然要遵循笛卡儿坐标。在铣床编程中绝对值编程为 G90，增量值编程为 G91，如图 4-1-1 所示。

用绝对值编程为 G90X50Y20，用增量值编程为 G91X40Y—40。

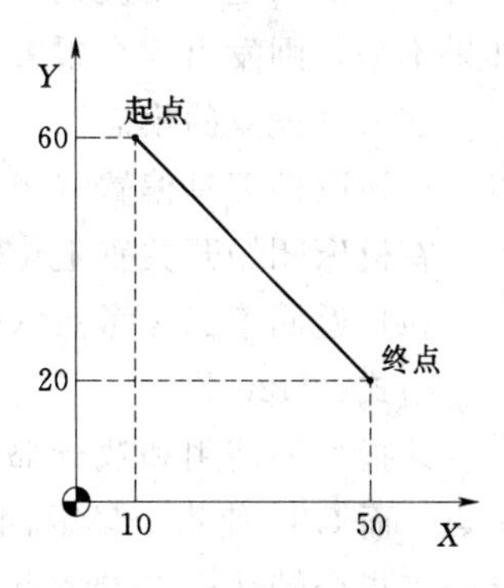

图 4-1-1　坐标示意图

2. 单位

在 FANUC 数控铣中，提供了两种单位：一种为英制，一种为公制。

相对应地也就由两个指令对其进行控制，G20 英制有效，G21 公制有效，在这里提醒大家，在同一个程序中，G20 与 G21 只能使用一个，在任意一个加工程序中间不能执行英制与公制的转换，必须在机械原点进行切换。一般系统开机后默认的单位为公制单位。

3. 返回参考点

下面介绍有关参考点的指令。

(1) 自动返回参考点（G28）。

格式：G28 X _ Y _ Z _；

该指令使指令轴以快速定位进给速度经由 X _ Y _ Z _ 指定的中间点返回机床参考点，中间点的指定既可以是绝对值方式的也可以是增量值方式的，这取决于当前的模态。一般地，该指令用于整个加工程序结束后使工件移出加工区，以便卸下加工完毕的零件和装夹待加工的零件。

注：为了安全起见，在执行该命令以前应该取消刀具半径补偿和长度补偿。

执行手动返回参考点以前执行 G28 指令时，各轴从中间点开始的运动与手动返回参考点的运动一样，从中间点开始的运动方向为正向。

G28 指令中的坐标值将被 NC 作为中间点存储，另一方面，如果一个轴没有被包含在 G28 指令中，NC 存储的该轴的中间点坐标值将使用以前的 G28 指令中所给定的值。例如：

N1　X20.0　　　　Y54.0；

N2　G28 X－40.0　　Y－25.0；　中间点坐标值(－40.0,－25.0)

N3　G28　　　　　Z31.0；　　中间点坐标值(－40.0,－25.0,31.0)

该中间点的坐标值主要由G29指令使用。

(2) 从参考点自动返回（G29）。

格式：G29 X_Y_Z_；

该命令使被指令轴以快速定位进给速度从参考点经由中间点运动到指令位置，中间点的位置由以前的G28或G30指令确定。一般地，该指令用在G28或G30之后，被指令轴位于参考点或第二参考点的时候。

在增量值方式模态下，指令值为中间点到终点（指令位置）的距离。

(3) 参考点返回检查（G27）。

格式：G27 X_Y_Z_；

该命令使被指令轴以快速定位进给速度运动到IP指令的位置，然后检查该点是否为参考点，如果是，则发出该轴参考点返回的完成信号（点亮该轴的参考点到达指示灯）；如果不是，则发出一个报警，并中断程序运行。

在刀具偏置的模态下，刀具偏置对G27指令同样有效，所以一般来说执行G27指令以前应该取消刀具偏置（半径偏置和长度偏置）。

在机床闭锁开关置上位时，NC不执行G27指令。

(4) 返回第二参考点（G30）。

格式：G30 X_Y_Z_；

该指令的使用和执行都和G28非常相似，唯一不同的就是G28使指令轴返回机床参考点，而G30使指令轴返回第二参考点。G30指令后，和G28指令相似，可以使用G29指令使指令轴从第二参考点自动返回。

第二参考点也是机床上的固定点，它和机床参考点之间的距离由参数给定，第二参考点指令一般在机床中主要用于刀具交换，因为机床的*Z*轴换刀点为*Z*轴的第二参考点(参数#737)，也就是说，刀具交换之前必须先执行G30指令。用户的零件加工程序中，在自动换刀之前必须编写G30，否则执行M06指令时会产生报警。第二参考点的返回，关于M06请参阅机床说明书部分：辅助功能。被指令轴返回第二参考点完成后，该轴的参考点指示灯将闪烁，以指示返回第二参考点的完成。机床*X*轴和*Y*轴的第二参考点出厂时的设定值与机床参考点重合，如有特殊需要可以设定735、736号参数。

二、键槽的铣削

键槽的铣削是铣工经常遇到的加工任务，也是最为简单的加工任务。在铣削之前，首先要确定的就是使用什么样的铣刀。在铣削键槽时一般会用键槽铣刀，这种刀由于端刃是横贯端面中心的，所以可以直接下刀。

下面介绍所要用到的加工指令。

1. 快速定位（G00）

G00给定一个位置。

格式：G00 X_Y_Z_；

G00这条指令所做的就是使刀具以快速的速率移动到坐标指定的位置，被指令的各轴之间的运动是互不相关的，也就是说刀具移动的轨迹不一定是一条直线。G00指令下，快速倍率为100%时，各轴运动的速度：X、Y、Z轴均为15m/min，该速度不受当前F值的控制。当各运动轴到达运动终点并发出位置到达信号后，CNC认为该程序段已经结束，并转向执行下一程序段。

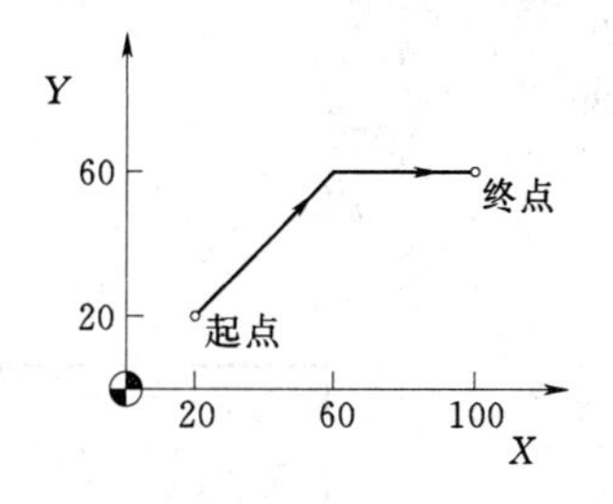

图4-1-2　G00运动轨迹

G00编程举例：起始点位置为X20、Y20，指令G00 X100. Y60.；将使刀具走出图4-1-2所示的轨迹。

2. 直线插补（G01）

格式：G01 X _ Y _ Z _ F _；

G01指令使当前的插补模态成为直线插补模态，刀具从当前位置移动到坐标指定的位置，其轨迹是一条直线，F为指定了刀具沿直线运动的速度，单位为mm/min（X、Y、Z轴）。

该指令是我们最常用的指令之一。

假设当前刀具所在点为X20. Y20.，则如下程序段

N1 G01 X60. Y80 F100;

N2 X100. Y40.;

将使刀具走出如图4-1-3所示的轨迹。

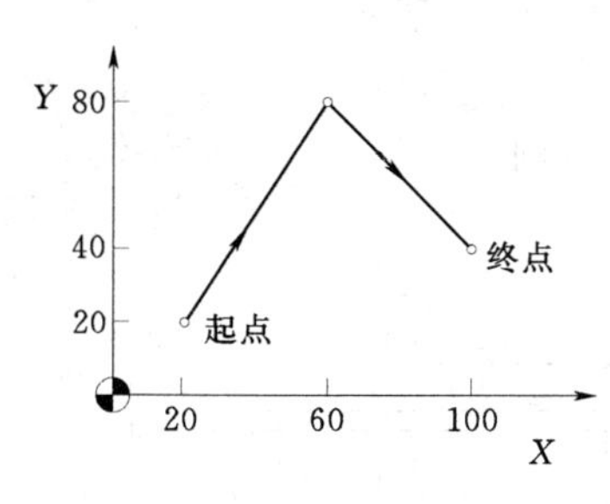

图4-1-3　G01运动轨迹

可以看到，程序段N2并没有指令G01，由于G01指令为模态指令，所以N1程序段中所指令的G01在N2程序段中继续有效，同样的，指令F100在N2段也继续有效，即刀具沿两段直线的运动速度都是100mm/min。

G00、G01在数控铣床编程中是三坐标的，这也是与车床编程中最大的不同。其中，G00与G01是可以三坐标联动的。

如图4-1-4所示，铣削键槽，选用ϕ10键槽铣刀，深度4mm，此键槽位于100mm×100mm工件的上表面的中心位置。

```
O0201
G54M03S1000
G00X10Y0Z10
M08
G01Z-4F100
X-10
Z10
M09
G00X100Y100Z100
```

```
M05
M30
```

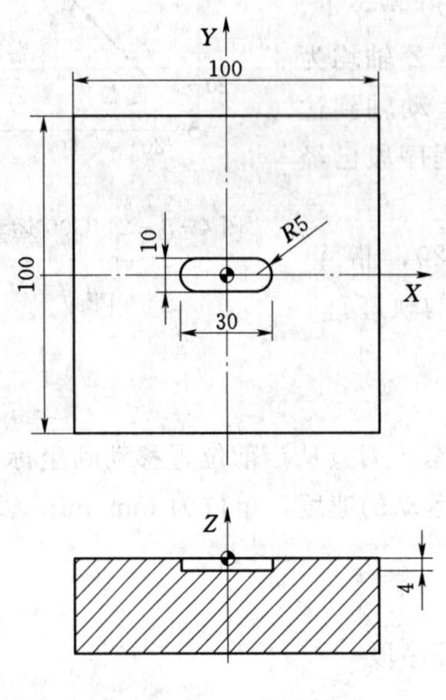

图 4－1－4　工件图（32）

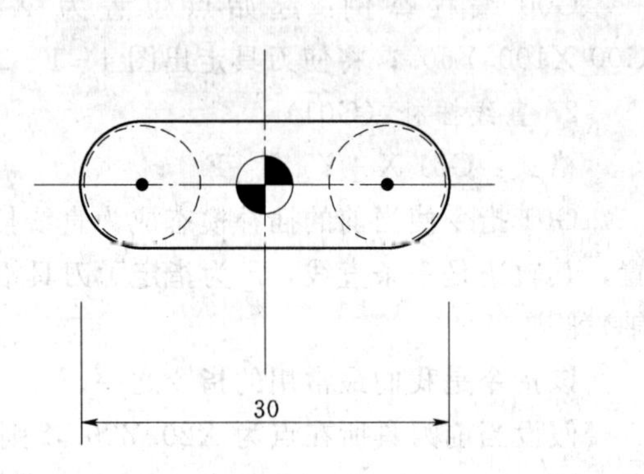

图 4－1－5　工件加工解析图（27）

在此程序运行加工时，刀具是以刀具底端面中心点为运行坐标点的，在计算刀具半径的情况下，从 X10 开始下刀进行加工，至 X－10 止，如图 4－1－5 所示。

三、四方台的铣削

为了让大家更好地认识铣削加工，下面再来说四方台的铣削。

如图 4－1－6 所示，铣削四方台，选用 $\phi10$ 立铣刀，深度 4mm，要求采用顺铣的方式进行加工，毛坯料为 100mm×100mm。

```
O0202
G54M03S1000
G00X51Y70Z10
M08
G01Z－4F100
Y－51
X－51
Y51
X70
Z10
M09
G00X100Y100Z100
M05
M30
```

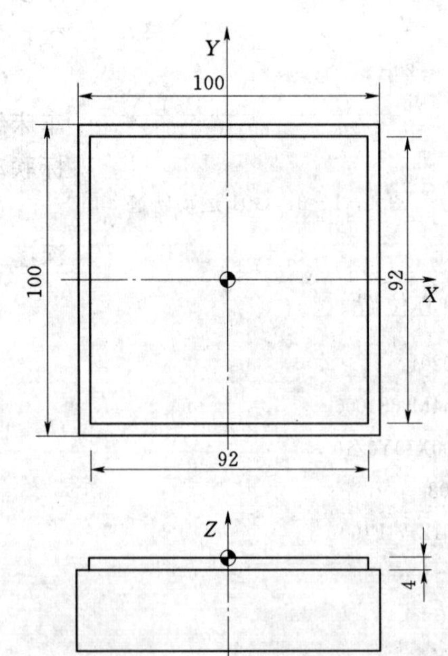

图 4－1－6　工件图（33）

此程序的加工过程如图 4－1－7 所示，加工中从工件外切入，直到切出工件。

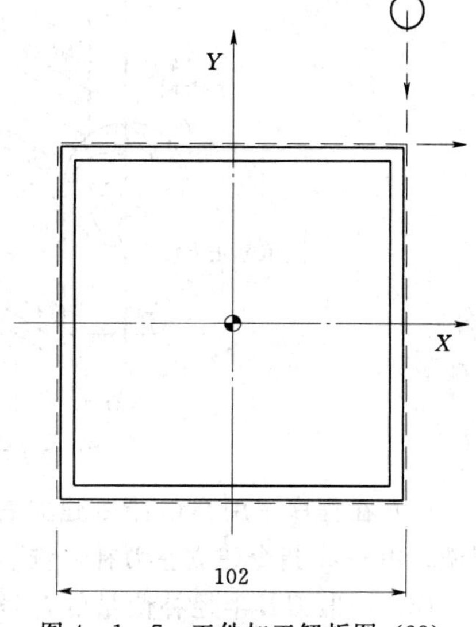

图 4－1－7 工件加工解析图（28）

四、刀具半径的补偿

从上面的例子中可以发现，加工刀具的刃口产生切削，而在编制程序时我们采用的坐标点则是刀具中心点。为了得到正确的工件，在编程时就得有意地偏移出一个刀具半径的距离来进行编程，但以这样的坐标点编程会加大编程的难度，给我们带来很大的不便。下面介绍的刀具半径补偿指令可以克服这一问题——程序按工件轮廓进行编写，并在其中建立刀具半径补偿，数控系统会在程序所描述的加工轨迹的基础上偏移出一个刀具半径进行加工，刀具半径补偿也叫刀具偏置。

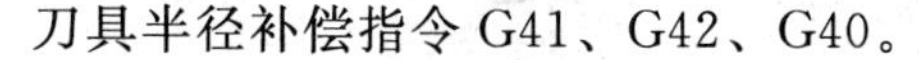

刀具半径补偿指令 G41、G42、G40。

1. 刀具半径补偿的格式

执行刀补：G17/G18/G19 G41/G42 G01/G00 X _ Y _ Z _ D_ F _；

取消刀补：G40 G00/G01 X _ Y _ Z _；

G17/G18/G19 是平面选择指令，在计算刀具长度补偿和刀具半径补偿时必须首先确定一个平面，即确定一个两坐标轴的坐标平面，在此平面中可以进行刀具半径补偿。

G17：选择 *XY* 平面，G17 为默认状态，可省略。

G18：选择 *XZ* 平面。

G19：选择 *YZ* 平面。

G41：刀具半径左补偿。

G42：刀具半径右补偿。

G40：取消刀补。

X、*Y*、*Z* 值是建立补偿直线段的终点坐标值。

D 为刀补号地址，用 D00～D99 来制定，它用来调用内存中刀具半径补偿的数值。

2. 刀具半径补偿方向的判断

G41 刀具左补偿，沿刀具的运动方向看，刀具在运动方向的左侧，如图 4－1－8（a）所示。

G42 刀具右补偿，沿刀具的运动方向看，刀具在运动方向的右侧，如图 4－1－8（b）所示。

3. 使用刀具半径补偿应该注意的事项

（1）在进行刀具半径补偿前，必须用 G17 或 G18、G19 指定刀具补偿是在哪个平面上进行。平面选择的切换必须在补偿取消的方式下进行，否则将产生报警。

（2）G40、G41、G42 都是模态代码，可相互注销。

（3）机床通电后，为取消半径补偿状态。

（4）G41、G42、G40 只能与 G00 或 G01 一起使用，不能和 G02、G03 一起使用。

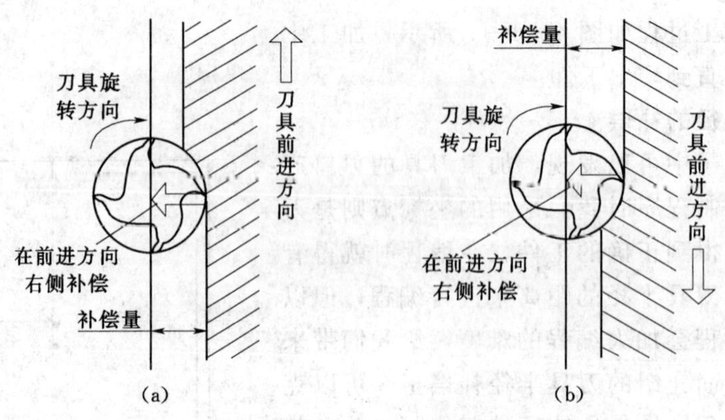

图 4-1-8　左右刀具半径补偿示意

(5) 在程序中用 G42 指令建立右刀补，铣削时对于工件将产生逆铣效果，故常用于粗铣；用 G41 指令建立左刀补，铣削时对于工件将产生顺铣效果，故常用于精铣。

(6) 一般刀具半径补偿量的符号为正，若取负值时，会引起刀具半径补偿指令 G41 与 G42 的相互转化。

顺铣和逆铣：切削工件外轮廓时，绕工件外轮廓顺时针走刀即为顺铣，绕工件外轮廓逆时针走刀即为逆铣；切削工件内轮廓时，绕工件内轮廓逆时针走刀即为顺铣，绕工件内轮廓顺时针走刀即为逆铣。

4. 具有刀具半径补偿功能的数控系统的优点

(1) 在编程时可以不考虑刀具的半径，直接按零件轮廓编程，只要在实际加工时把刀具半径输入刀具半径补偿地址中即可。

(2) 刀具磨损后可以通过补偿弥补。

(3) 可以使粗加工的程序简化。

5. 过切

用刀具半径补偿指令应该注意避免加工过程中产生过切现象。通常过切有以下几种情况：

(1) 直线移动量小于铣刀半径时产生的过切。

(2) 刀具半径大于所加工沟槽宽度时产生的过切。

(3) 刀具半径大于所加工工件内侧圆弧时产生的过切。

(4) 编制加工程序时，未建立好刀补就开始铣削到零件轮廓，或刀具未完全离开零件轮廓就撤消刀补。

(5) 若程序中建立了半径补偿，在加工完成后必须用 G40 指令将补偿状态取消，使铣刀的中心点回复到实际的坐标点上。

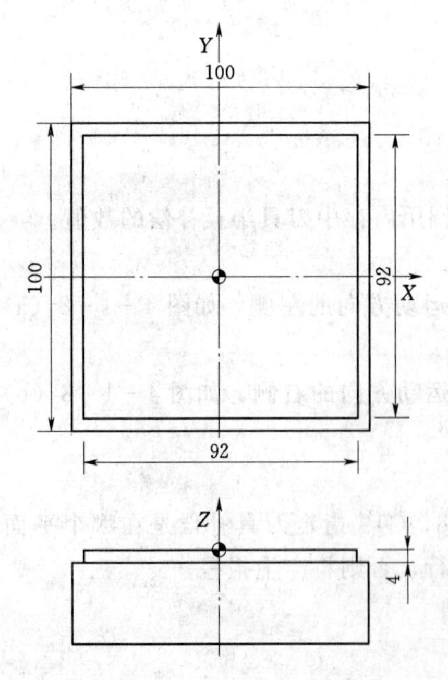

图 4-1-9　工件图 (34)

如图 4-1-9 所示，铣削四方台，选用 $\phi10$ 立铣刀，深度 4mm，要求采用顺铣的方式进行加工，毛坯料为100mm×100mm。

```
O0203
G54M03S1000
G00X80Y80Z10
M08
G01Z-4F100
G41X46D1; D1=5
Y-46
X-46
Y46
X80
Z10
M09
G40G00X100Y100
Z100
M05
M30
```

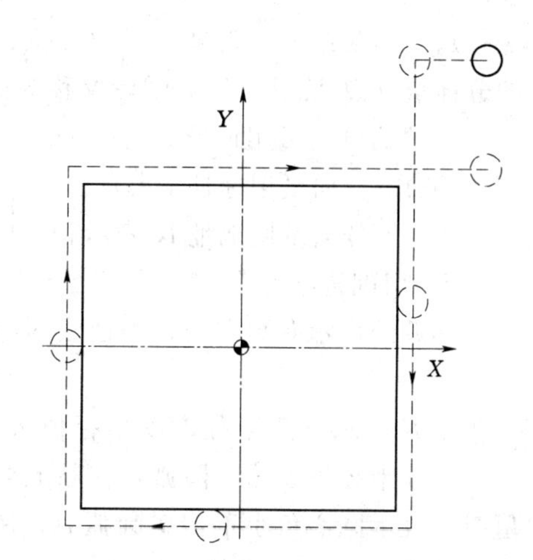

图4-1-10 工件加工解析图(29)

此例加工的路径如图4-1-10所示。

五、圆弧的铣削

工件上有圆弧轮廓皆以G02或G03切削，因铣床工件是立体的，故要在切削圆弧之前确定平面，再确定其圆弧切削方向，顺时针为G02，逆时针为G03。定义方式：依右手坐标系统，视线朝向平面垂直轴的正方向往负方向看。

1. 圆弧插补指令

(1) 指令格式。

X—*Y*平面上的圆弧：

$$G17 \begin{Bmatrix} G02 \\ G03 \end{Bmatrix} X\_Y\_ \begin{Bmatrix} R\_ \\ I\_J\_ \end{Bmatrix} F\_;$$

Z—*X*平面上的圆弧：

$$G18 \begin{Bmatrix} G02 \\ G03 \end{Bmatrix} Z\_X\_ \begin{Bmatrix} R\_ \\ K\_I\_ \end{Bmatrix} F\_;$$

Y—*Z*平面上的圆弧：

$$G19 \begin{Bmatrix} G02 \\ G03 \end{Bmatrix} Y\_Z\_ \begin{Bmatrix} R\_ \\ J\_K\_ \end{Bmatrix} F\_;$$

(2) 指令各地址的意义。

X、Y、Z：终点坐标位置。

R：圆弧半径，以半径值表示（以 R 表示者又称为半径法）。

I、J、K：从圆弧起点到圆心位置，在 X、Y、Z 轴上的分向量（以 I、J、K 表示者又称为圆心法）。

X 轴的分向量用地址 I 表示。

Y 轴的分向量用地址 J 表示。

Z 轴的分向量用地址 K 表示。

F：切削进给速率。

圆弧的表示有圆心法和半径法两种。

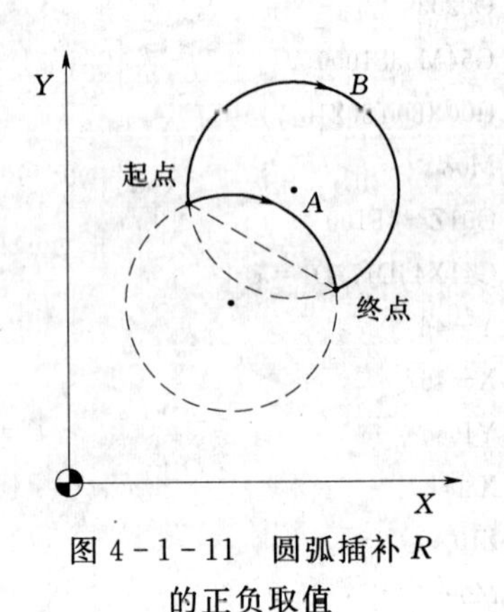

图 4-1-11　圆弧插补 R 的正负取值

2. 半径法

以 R 表示圆弧半径，以半径值表示。此法以起点及终点和圆弧半径来表示一圆弧，在圆上会有二段弧出现，如图 4-1-11 所示。所以 R 是正值时，表示圆心角小于 180°圆弧 A；R 是负值时，表示圆心角大于 180°圆弧 B。

假设图 4-1-11 中，R=50mm，终点坐标绝对值为（100.，80.），则

(1) 圆心角大于 180°的圆弧（即圆弧 B）：

G90 G03 X100. Y80. R−50. F80。

(2) 圆心角小于 180°的圆弧（即圆弧 A）：

G90 G03 X100. Y80. R50. F80。

3. 圆心法

I、J、K 后面的数值是定义为从圆弧起点到圆心位置，在 X、Y、Z 轴上的分向量值（带符号）。

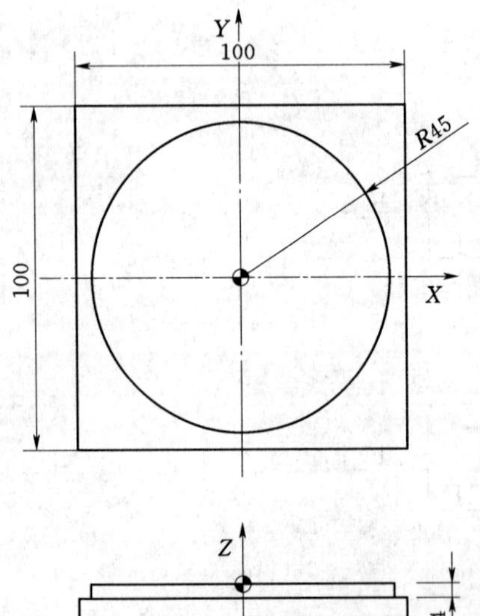

图 4-1-12　工件图（35）

这里推荐给大家一个简单的公式方法，用于 I、J、K 的计算，即：

$$\begin{array}{r} \text{圆心}\ X\quad Y\quad Z \\ -\text{起点}\ X\quad Y\quad Z \\ \hline I\quad J\quad K \end{array}$$

在这里要再次强调一下，I、J、K 是带有正负符号的。

CNC 铣床上使用半径法或圆心法来表示一圆弧，端看工作图上的尺寸标示而定，以使用较方便者（即不用计算即可看出数值者）为取舍。

但若要铣削一全圆时，只能用圆心法表示，半径法无法执行。若用半径法以两个半圆相接，其真圆度误差会太大。

如图 4-1-12 所示，铣削一全圆，要求顺铣，选用 ϕ10 立铣刀，深度 4mm，毛坯料为

100mm×100mm。

```
O0204
G54M03S1000
G00X80Y80Z10
M08
G01Z-4F100
G41X45D1; D1=5
Y0
G02I-45
G01Y-80
Z10
M09
G40G00X100Y100
Z100
M05
M30
```

此例中的 G02I-45 是整圆的加工指令，I 是通过公式计算出来的。

$$\begin{array}{rrr} \text{圆心 } X0 & Y0 & Z0 \\ -\text{起点 } X45 & Y0 & Z0 \\ \hline I-45 & J0 & K0 \end{array}$$

通过公式，计算出 $I=-45$，$J=0$，$K=0$，J、K 得数为零，所以省略了。在这里说明一下，一般的铣床加工是在 XY 平面进行的，所以可省略计算 K 的过程。上例中的加工路线如图 4-1-13 所示。

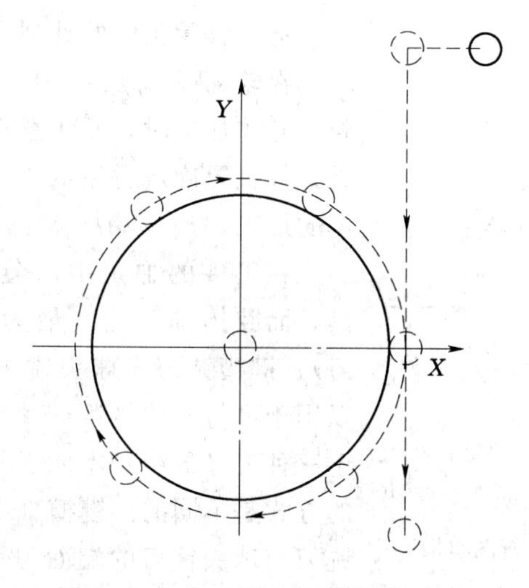

图 4-1-13 工件加工解析图（30）

六、综合凸台的铣削

下面综合前面讲过的指令作一个综合凸台的练习，进一步加深对数控铣削编程的认识。

如图 4－1－14 所示，铣削工件，要求顺铣，选用 $\phi 10$ 立铣刀，深度 4mm，毛坯料为 100mm×100mm。

```
O0205
G54M03S1000
G00X－80Y80Z10
M08
G01Z－4F100
G41Y0D1；D1＝5
X－45
G03X0Y45R45
G02Y－45J－45
G01X－25
X－45Y－25
Y80
Z10
M09
G40G00X100Y100
Z100
M05
M30
```

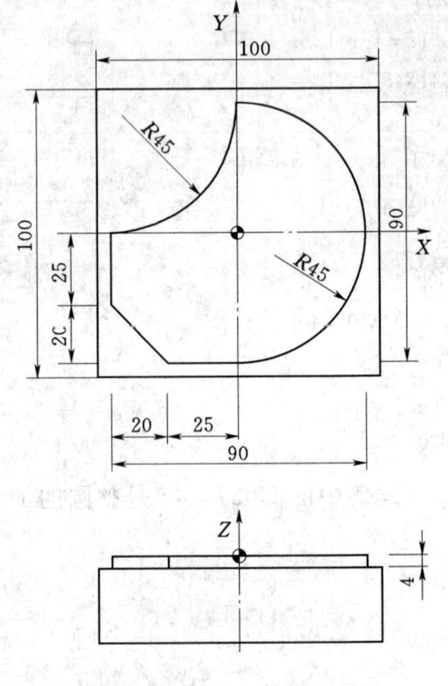

图 4－1－14　工件图（36）

此例是非对称工件，大家要注意选择合理的刀具切入与切出，避免出现接刀的痕迹，加工路线如图 4－1－15 所示。

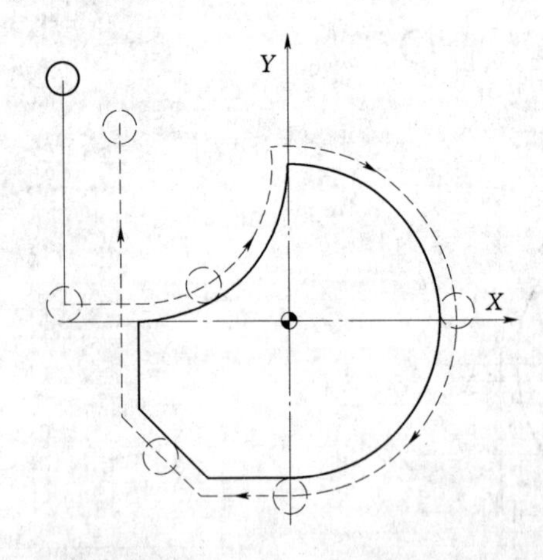

图 4－1－15　工件加工解析图（31）

七、整圆腔体的铣削

在轮廓铣削加工中，除了凸台外，还包括内腔。腔体加工时，要注意选择便于加工、合理的刀具，并且要确定适用的下刀方式，这样才能开始腔体的加工。

在工件的加工中，会用到各种不同的铣削刀具，而腔体加工中，最为常用的是立铣刀（棒铣刀）、键槽铣刀、球头铣刀等。这三种铣刀都是可以用于进行腔体铣削的，只是侧重加工点不同。由于三种刀具的结构不同，从而注定了它们切入工件的方式是不同的。键槽铣刀与球头铣刀的端面刀刃是延过中心的，所以它们是可以直接采用扎刀下刀进行加工的，称为垂直下刀。

如图 4-1-16 所示，铣削腔体工件，要求顺铣，选用 ϕ10 键槽铣刀，深度 4mm，毛坯料为 100mm×100mm。

```
O0206
G54M03S1000
G00X0Y0Z10
M08
G01Z-4F100
G41X-45D1; D1=5
G03I45
X-15Y-30R30
G01Z10
M09
G40G00X100Y100
Z100
M05
M30
```

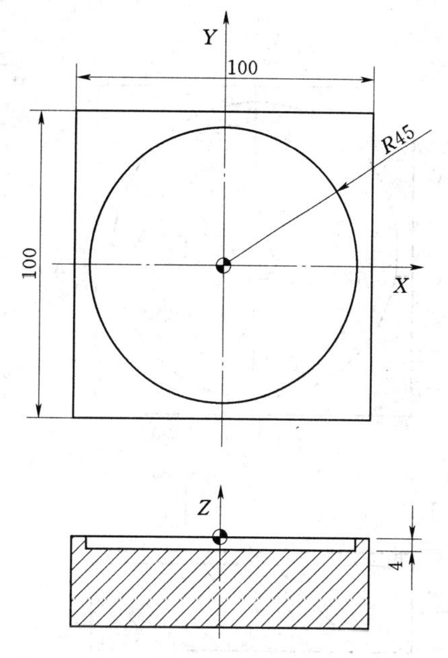

图 4-1-16　工件图（37）

此例中的加工路线如图 4-1-17 所示，把刀放置在原点处，也就是 *A* 点，加入半径补偿至 *B* 点，刀具与圆弧在内轮廓相切，程序中的 G03I45 完成圆弧的铣削，并回到 *B* 点。下一行程序 X-15Y-30R30，由于 G03 为模态指令，所以这行程序省略了 G03 指令，此行程序是从 *B* 点运动至 *C* 点，这是为了不让在 *B* 点处出现接刀的痕迹。

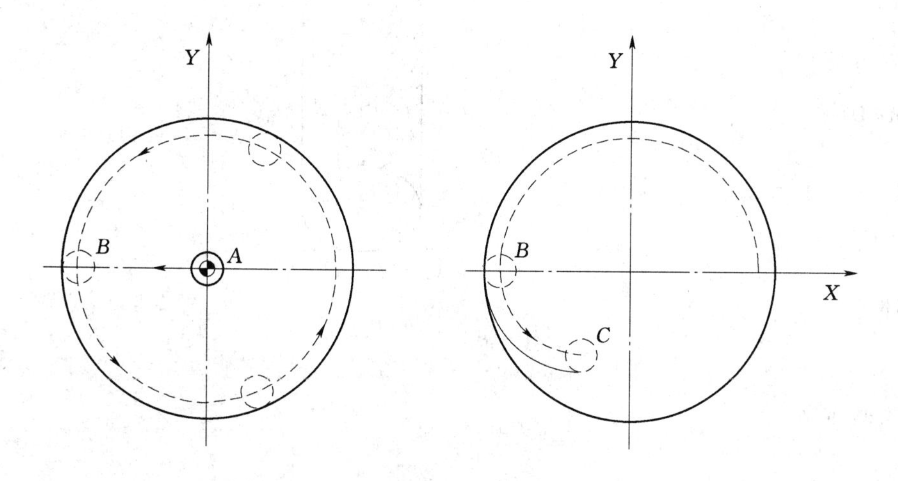

图 4-1-17　工件加工解析图（32）

下面再来看一下立铣刀如何进行腔体的铣削。立铣刀端面刀刃不是延过中心的，它不能直接扎刀加工腔体，这就要采用特殊的下刀方式，一般会使用斜进刀法或螺旋下刀。斜进刀法如图 4-1-18 所示。

螺旋下刀，这里就要详细介绍了。螺旋下刀方式是现代数控加工应用较为广泛的下刀

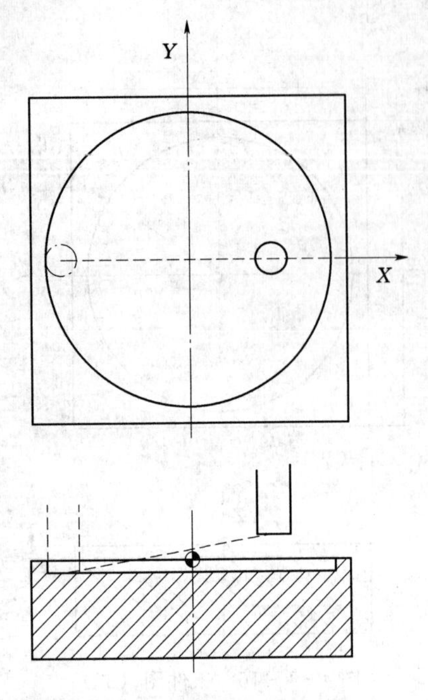

图 4-1-18　工件加工解析图（33）

方式，特别是模具制造行业中应用最为普遍。刀片式合金模具铣刀可以进行高速切削，但和高速钢多刃立铣刀一样在垂直进刀时没有较大切深的能力。但可以通过螺旋下刃的方式，通过刀片的侧刃和底刃的切削避开刀具中心无切削刃部分与工件的干涉，使刀具沿螺旋朝深度方向渐进，从而达到进刀的目的。这样，可以在切削的平稳性与切削效率之间取得一个较好的平衡点。前面说过圆弧的加工，也介绍了圆弧的插补指令 G02 与 G03，螺旋下刀方式是如何实现的。

G02/G03 在执行前要先确定圆弧所在的平面，这也就是 G17、G18 与 G19 的工作，一个平面是由两个轴确定的，如果在使用 G02、G03 时加入了平面外的第三轴，就会出现螺旋线，刀具沿一圆柱面上的螺旋线走刀，第三轴就是要控制在圆柱面上的移动距离，螺旋线在平面上的投影为一圆，如图 4-1-19 所示。

如上例题图，采用顺铣加工，采用螺旋下刀方式，选用 ϕ10 立铣刀，深度 4mm，毛坯料为 100mm×100mm，程序如下：

```
O0207
G17G54M03S1000
G00X0Y0Z10
M08
G41X45D1; D1=5
G01Z0
G03Z-2I-45
Z-4I-45
I-45
X15Y30R30
G01Z10
M09
G40G00X100Y100
Z100
M05
M30
```

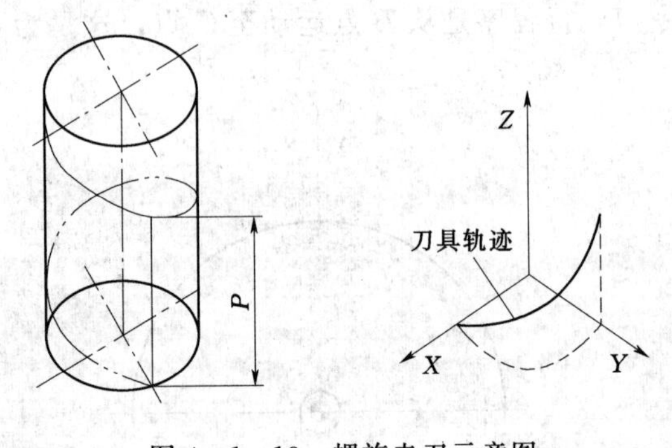

图 4-1-19　螺旋走刀示意图

此例中，由于使用的刀具是立铣刀，所以不能垂直下刀，而是采用螺旋式下刀，螺旋两次，第一次吃深 2mm（G03$Z-2I-45$），第二次吃深 2mm（$Z-4I-45$，深至 4mm），吃到 4mm 深度后对圆进行铣削。在指令行 $Z-4I-45$、$I-45$、$X15Y30R30$ 三行指令处省略了 G03。整个螺旋下刀的路径如图 4-1-20 所示。

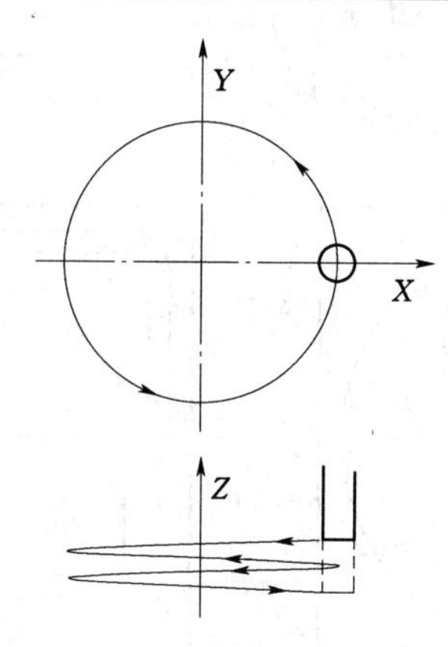

图 4-1-20　工件加工解析图（34）

八、综合腔体的铣削

下面通过一个例题来全面了解腔体的加工。

如图 4-1-21 所示，铣削腔体工件，要求顺铣，选用 $\phi10$ 立铣刀，深度 4mm，毛坯料为 100mm×100mm。

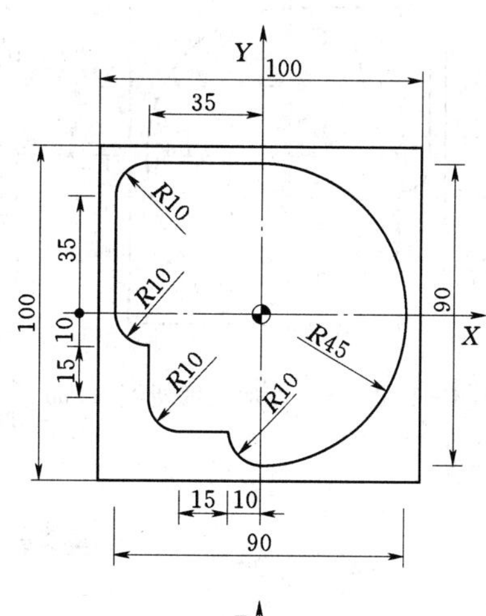

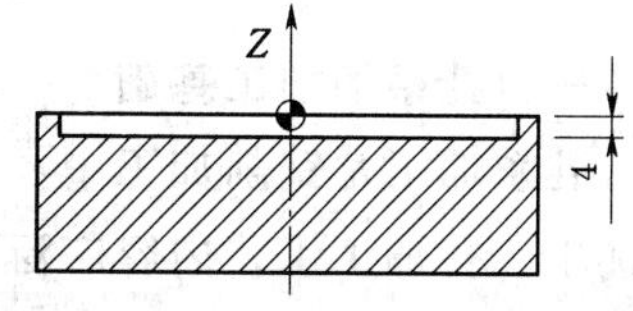

图 4-1-21　工件图（38）

```
O0208
G54M03S1000
G00X0Y60Z10
M08
G41G00Y0D1；D1=5
G01Z0F100
G03Y45Z-4J22.5
G01X-35
G03X-45Y35R10
G01Y0
G03X-35Y-10R10
G01Y-25
G03X-25Y-35R10
G01X-10
G03X0Y-45R10
G03Y45J45
G03X0Y0J-22.5
G01Z10
M09
G40G00X100Y100
Z100
M05
M30
```

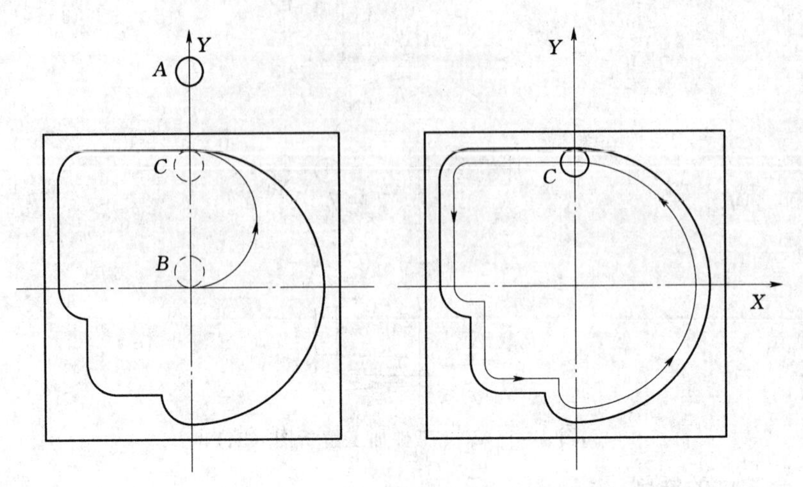

图 4-1-22　工件加工解析图（35）

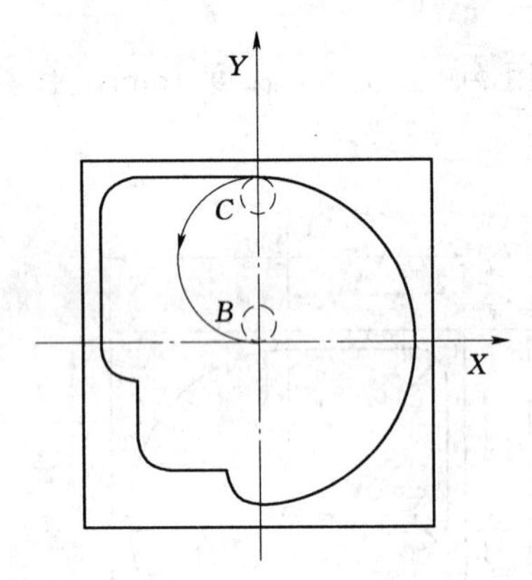

图 4-1-23　工件加工解析图（36）

在此程序中，采用了螺旋式下刀，但与前面例题中不同的是，此例使用了半圆弧的螺旋下刀。是用半圆还是用整圆，这就要应用者在各例中灵活运用了。程序中的加工路线如图 4-1-21 所示。刀具定刀于 A 点（$X0Y60Z10$），加入刀具半径补偿并移到 B 点（$X0Y0Z10$），垂直下刀至 $Z0$，再采用螺旋下刀至 C 点，深至 4mm。再按工件内腔轮廓进行铣削加工，并返回 C 点。

最后为了不让刀具在 C 点处留有刀具痕迹，从 C 点圆弧切至 B 点，如图 4-1-23 所示，抬起刀具，完成加工。

模块二　孔　系　加　工

一、孔系的加工基础

孔系加工是铣削加工中经常见到的加工，数控铣编程中的固定循环主要针对的就是孔系加工。孔加工工艺内容广泛，包括钻削、扩孔、铰孔、锪孔、攻丝、镗孔等孔加工工艺方法。在 CNC 铣床和加工中心上加工孔时，孔的形状和直径由刀具选择来控制，孔的位置和加工深度则由程序来控制。加工一个精度要求不高的孔很简单，往往只需要一把刀具一次切削即可完成；对精度要求高的孔则需要几把刀具多次加工才能完成；加工一系列不同位置的孔需要计划周密、组织良好的定位加工方法。

1. 孔系加工平面

孔系加工中会遇到三个平面：初始平面、安全平面、孔底平面。

（1）初始平面：在循环前由 G00 定位，也就是固定循环之前的定刀平面。

（2）安全平面：其位置由指令中的参数 R 设定，又叫 R 点平面。在此处刀具由快进转为工进，并且方便孔的连续加工，一般不会离孔的上表面太远。

（3）孔底平面：其位置由指令中的参数 Z 设定，又称 Z 平面，决定了孔的加工深度。

2. 加工动作

一般孔系的加工动作由六部分组成，如图 4-2-1 所示。

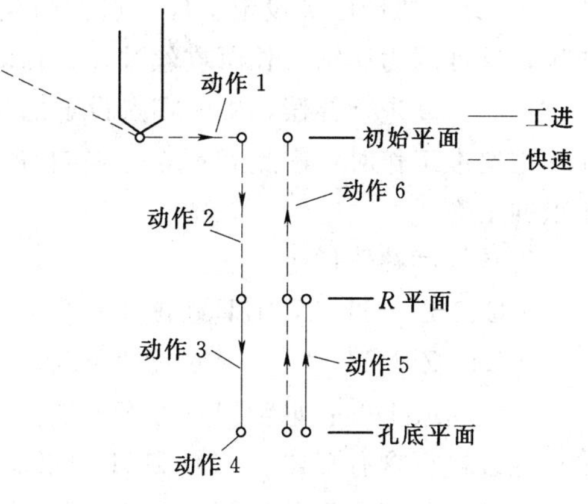

图 4-2-1　孔系加工基本动作

动作 1：G17 平面快速定位。

动作 2：Z 向快速进给到 R 平面。

动作 3：Z 向切削进给至孔底。

动作 4：孔底部的动作。

动作 5：Z 向退刀。

动作 6：Z 轴快速返回初始位置。

3. 加工返回

在加工多个孔时，为了减少刀具运动路径，加工完一个孔后，常常不返回到初始平面，而只返回到 R 平面，再次定位，进行下一个孔的加工，所以数控铣编程中提供了以下两种刀具返回模式（如图 4-2-2 所示）：

- G98 方式：加工完后让刀具返回到初始平面的位置。
- G99 方式：加工完后让刀具返回到 R 平面的位置。

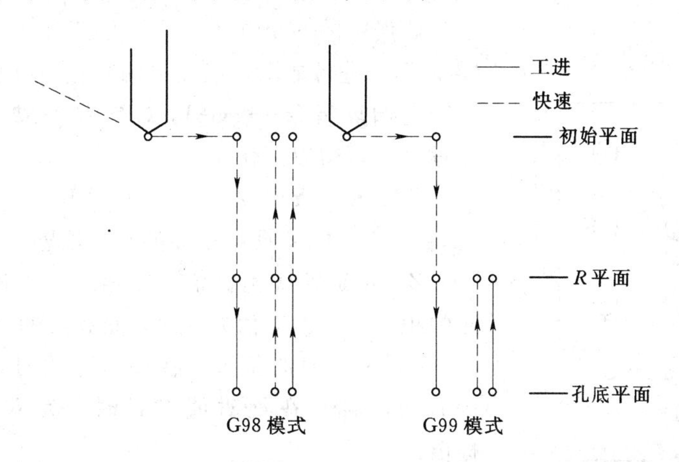

图 4-2-2　孔系加工返回

4. 刀具长度补偿

下面再介绍一个重要的概念——刀具长度补偿。

在对一个零件编程的时候，首先要指定零件的编程中心，然后才能建立工件编程坐标系，而此坐标系只是一个工件坐标系，零点一般在工件上。长度补偿只是和 Z 坐标有关，它不像 XY 平面内的编程零点，因为刀具是由主轴锥孔定位而不改变，对于 Z 坐标的零点就不一样了。每一把刀的长度都是不同的，例如要钻一个深为 50mm 的孔，然后攻丝深为 45mm，分别用一把长为 250mm 的钻头和一把长为 350mm 的丝锥。先用钻头钻孔深

50mm，此时机床已经设定工件零点，当换上丝锥攻丝时，如果两把刀都从设定零点开始加工，丝锥因为比钻头长而攻丝过长，损坏刀具和工件。此时如果设定刀具补偿，把丝锥和钻头的长度进行补偿，机床零点设定之后，即使丝锥和钻头长度不同，因补偿的存在，在调用丝锥工作时，零点 Z 坐标已经自动向 $Z+$（或 Z）补偿了丝锥的长度，保证了加工零点的正确。

刀具长度补偿指令如下：

- G43 Z __ H __：刀具长度正补偿。
- G44 Z __ H __：刀具长度负补偿。
- G49 或 H00：取消刀具长度补偿。

通过执行含有 G43(G44) 和 H 的指令来实现刀具长度补偿，同时给出一个 Z 坐标值，这样刀具在补偿之后移动到离工件表面距离为 Z 的地方。另外一个指令 G49 是取消 G43(G44) 指令的，其实我们不必使用这个指令，因为每把刀具都有自己的长度补偿，当换刀时，利用 G43(G44) H 指令赋予了自己的刀长补偿而自动取消了前一把刀具的长度补偿。

G43 表示存储器中补偿量与程序指令的终点坐标值相加，G44 表示相减，取消刀具长度偏置可用 G49 指令或 H00 指令。程序段 N80 G43 Z56 H05 中，假如 05 存储器中值为 16，则表示终点坐标值为 72mm。

二、简单孔的钻削

如图 4-2-3 所示，进行钻孔加工，刀具为 ϕ10mm 钻头。

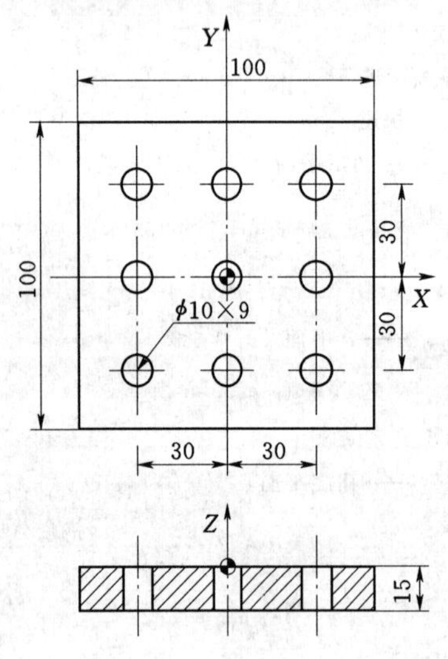

图 4-2-3　工件图 (39)

此例中的 9 个孔为通孔，加工要求低，完全可以用 G00/G01 进行加工，但程序编写相对冗长，这里介绍一个固定循环指令——G81，G81 在完成加工的同时，可让程序编写得以简化。

G81 X __ Y __ Z __ R __ F __ K __;

X、Y：指定孔在平面的坐标位置。

Z：指定孔底坐标值，在增量方式时，是平面到孔底的距离；在绝对值方式时，是孔底的 Z 坐标值。

R：R 平面的位置，在增量方式时，为起始点到 R 平面的距离；在绝对值方式时，为 R 平面的绝对坐标值。

F：进给速度。

K：规定重复加工次数（1～6）。如果不指定 K，则只进行一次循环。$K=0$ 时，孔加工数据存入，机床不动作。

G81 是最简单的固定循环，它的执行过程为：X、Y 定位，Z 轴快进到 R 点，以 F 速度进给到 Z 点，快速返回初始平面（G98）或 R 平面（G99），没有孔底动作，如图 4-2-4 所示。

O0209

```
G17G54M03S400
G00X60Y60Z100
M08
G99G81X30Y30Z-20R5F100
X0
X-30
Y0
X0
X30
Y-30
X0
G98X-30
G80
M09
G00X1000Y100
M05
M30
```

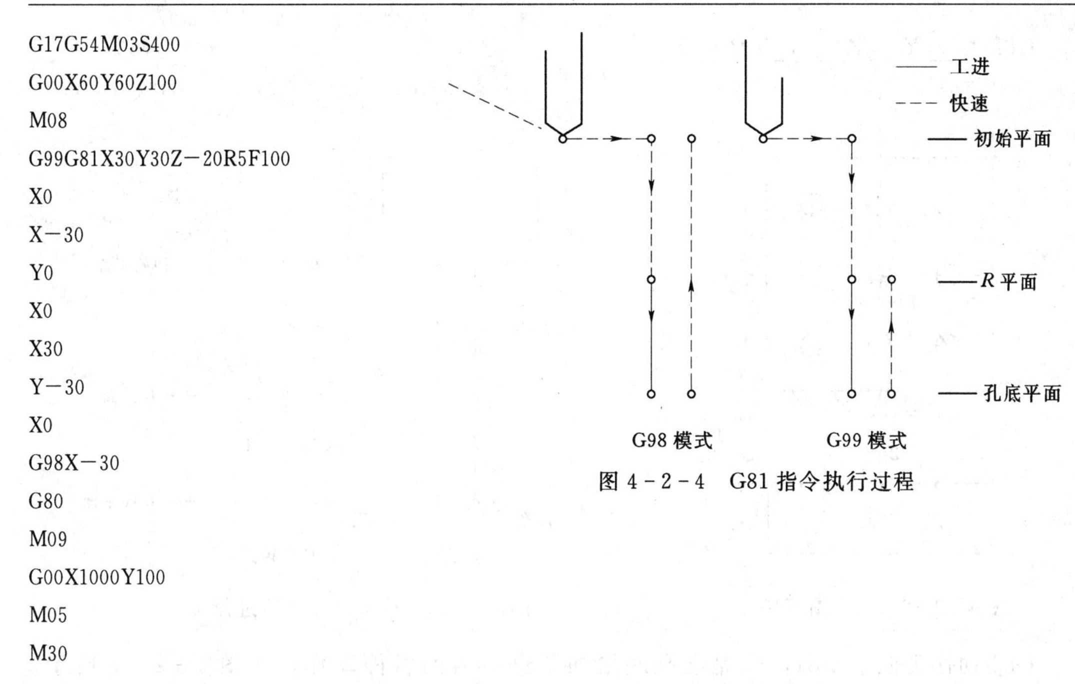

图 4-2-4　G81 指令执行过程

在此例中可以看出 G81 为模态指令，初始平面为 Z100，R 平面为 $Z5$，加工路径如图 4-2-5 所示。

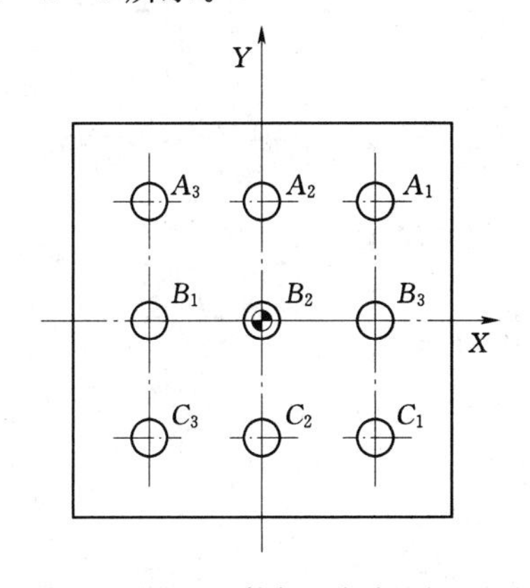

图 4-2-5　工件加工解析图（37）

从定位点 $X100Y100Z100$ 开始，运动至 A_1（$X30,Y30$）点进行加工，然后是 A_2（$X0,Y30$）、A_3（$X-30,Y30$）、B_1（$X-30,Y0$）、B_2（$X0,Y0$）、B_3（$X30,Y0$）、C_1（$X30,Y-30$）、C_2（X0，Y－30）、C_3（X－30，Y－30）。因为在 G81 前加入了 G99，所以在前面的 8 个孔的加工中，加工后都返回 R 平面，这也是为了减短加工路径、节省时间考虑。加工最后一个孔 C_3 时加入了 G98，所以加工后返回初始平面。加工深度上，由于是通孔所以切至 $Z-20$，钻透工件。

在程序的最后结束固定循环 G80。G80 指令被执行以后，所有固定循环均被该指令取消，R 点和 Z 点的参数以及除 F 外的所有孔加工参数均被取消，并且可以自动切换到 G00 快速运动模式，另外 01 组的 G 代码也会起到同样的作用。01 组准备功能 G 代码包括 G00、G01、G02、G03 和 G32。

三、盲孔的钻削

如图 4-2-6 所示，进行钻孔加工，所要求加工的孔为盲孔，深度为 20mm，采用的刀具为 ϕ10mm 钻头。

此例中，要加工的孔为盲孔，如果使用 G81 进行加工，钻头加工到指定深度后，在没有对孔底进行充分切削的情况下，会迅速退出工件，影响孔底表面粗糙度值，所以 G81 并不适合加工盲孔。下面介绍一个适合加工盲孔的固定循环——G82。

G82 X_Y_Z_R_P_F_K_;

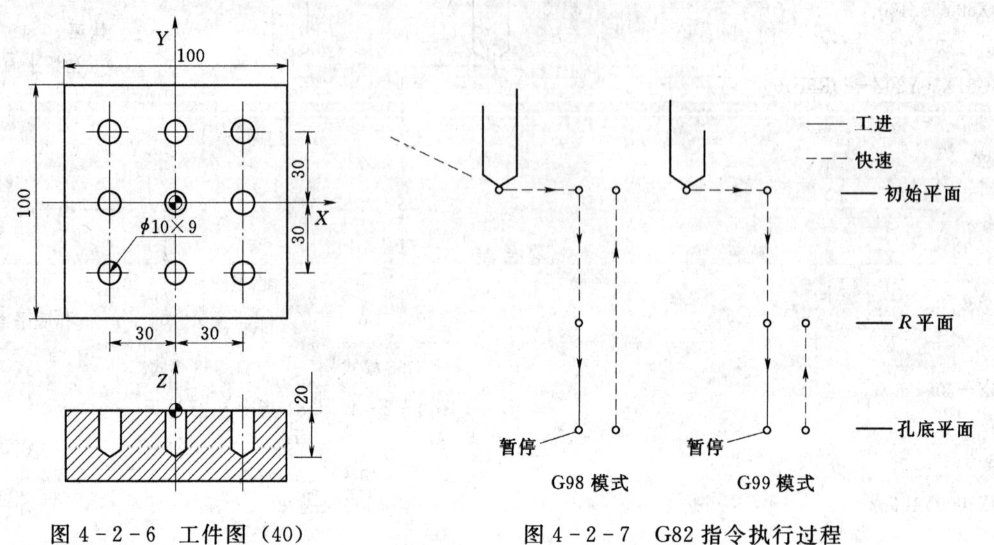

图 4-2-6　工件图（40）　　图 4-2-7　G82 指令执行过程

G82 动作类似于 G81，只是在孔底增加了进给后的暂停动作，如图 4-2-7 所示。G82 的数据参数与 G81 基本相同，G82 中的 P 指定孔底暂停时间，单位为 0.001s，例如 P1000 就是 1s。例题加工程序如下：

```
O0210
G17G54M03S400
G90G00X60Y60Z100
M08
G99G82X30Y30Z-20R5P500F100
X0
X-30
Y0
X0
X30
Y-30
X0
G98X-30
G80
M09
G00X1000Y100
M05
M30
```

因为 G82 在孔底有暂停动作，可以得到很好的孔底表面，所以 G82 常用于盲孔加工、锪孔加工。

四、深孔的钻削

加工深孔是孔加工中最令人头痛的事，主要是不便排屑，切屑会不断进行缠绕，堵

塞屑槽，得不到相对较好的内孔表面，容易造成加工超差，甚至造成刀具的断裂，其次是不易冷却液的注入，不能对刀具进行及时的冷却。下面介绍一个新指令进行深孔的钻削。

G83X__Y__Z__R__Q__F__K__;

G83 执行间歇切削到孔的底部，钻孔过程中从孔中排除切屑。

Q：每次钻削深度，单位为 mm。

G83 指令通过 Z 轴方向的间歇进给来实现断屑与排屑的目的，刀具间歇进给后快速回退到 R 平面，在孔底方向快速进给到上次切削孔底平面上方距离为 d 的高度处，从该点处，快进变成工进，工进距离为 $Q+d$，G83 的执行过程如图 4-2-8 所示。d 值由机床系统指定，参数 d 在 G83 指令中没有设定，d 由系统内部参数 NO.5114 设定，操作者无须特意指定。Q 值指定每次进给的实际切削深度，Q 值越小所需的进给次数就越多，Q 值越大则所需的进给次数就越少。

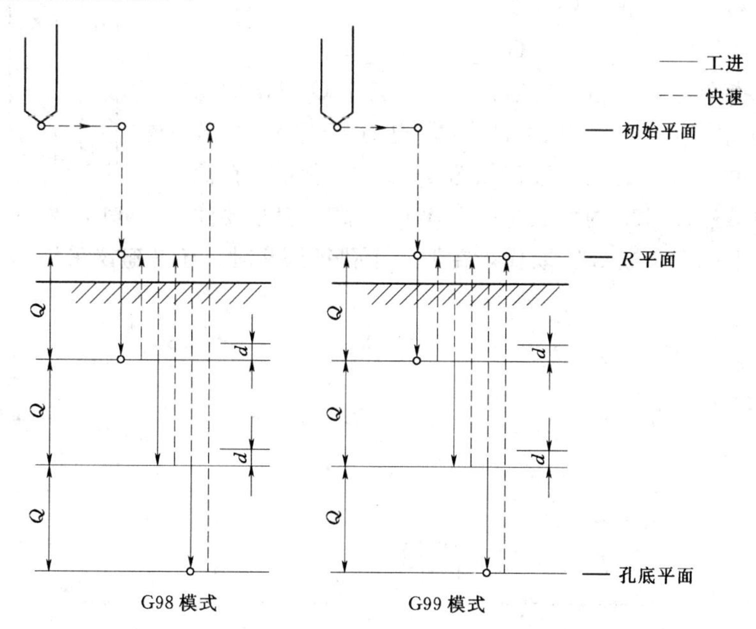

图 4-2-8　G83 指令执行过程

如图 4-2-9 所示，进行钻孔加工，所要求加工的孔为通孔，工件已正确装夹在机床上，采用的刀具为 ϕ10mm 钻头。

```
O0211
G17G54M03S400
G90G00X60Y60Z100
M08
G99G83X30Y30Z-90R5Q15F120
X0
X-30
Y0
```

```
X0
X30
Y-30
X0
G98X-30
G80
M09
G00X1000Y100
M05
M30
```

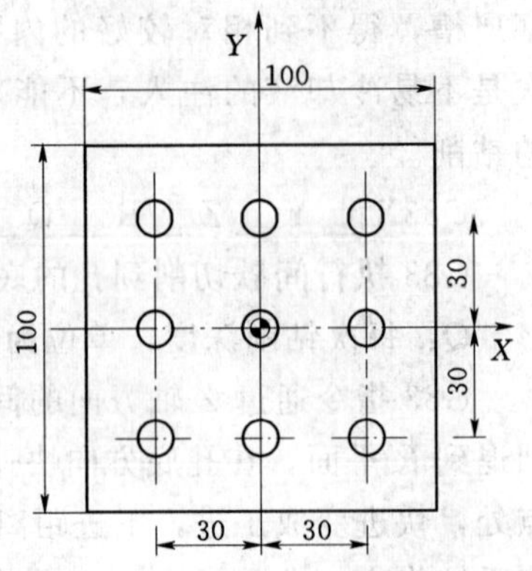

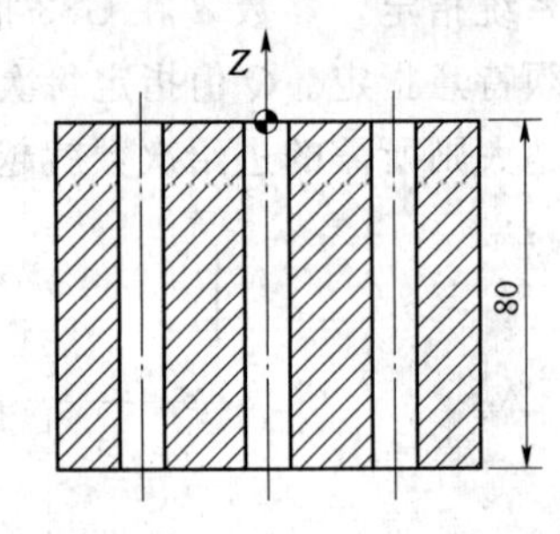

图 4-2-9　工件图（41）

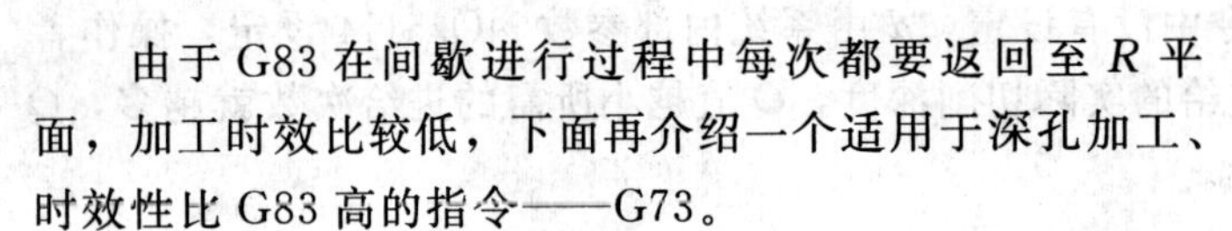

由于 G83 在间歇进行过程中每次都要返回至 R 平面，加工时效比较低，下面再介绍一个适用于深孔加工、时效性比 G83 高的指令——G73。

G73X __ Y __ Z __ R __ Q __ F __ K __;

G73 指令与 G83 指令的格式一样，其中 Q 与 d 的意义也是相同的，G73 中的 d 参数也存于系统参数 NO. 5114 中，G73 的执行过程如图 4-2-10 所示。在深孔加工中虽然说 G73 的加工时效要比 G83 高，但是要注意，G83 不能完全被 G73 取代，在加工小孔径深孔时，还是建议采用 G83 指令进行加工。

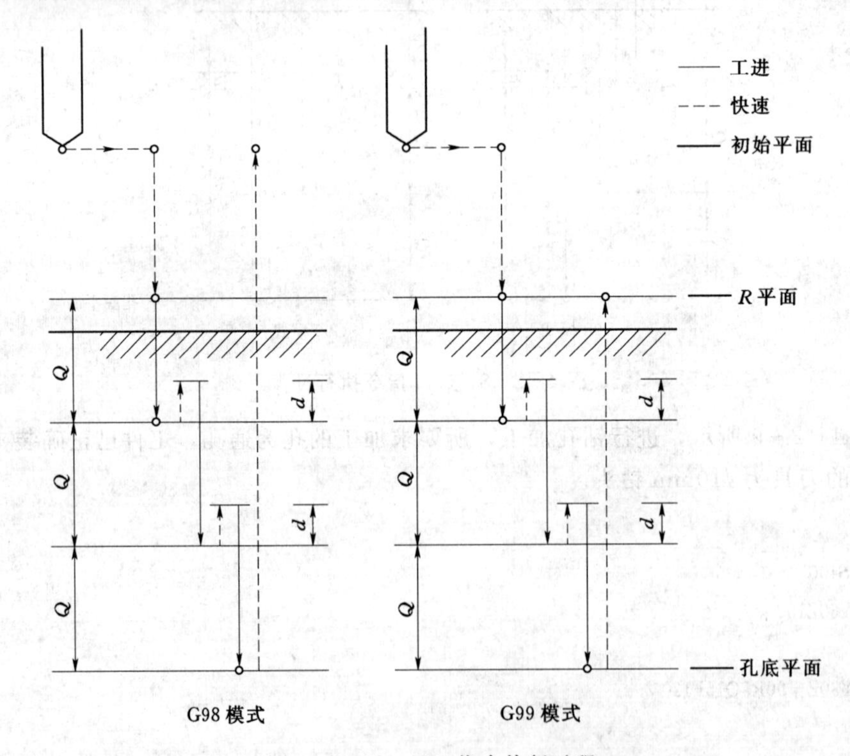

图 4-2-10　G73 指令执行过程

五、简单孔的镗削

在孔系加工中，镗削加工不可或缺，镗削加工是一种用刀具进行扩孔的加工，其应用范围一般从半粗加工到精加工。镗刀种类从方式上分有很多种，如果大家有这方面知识的需要，可以独自查找相关资料，这里就不过多说明了。

先介绍一个镗削循环指令——G85，G85 主要用于粗镗加工。

G85X __ Y __ Z __ R __ F __ K __；

G85 指令中的参数与前面所说的钻削指令中的参数意义相同。G85 的执行过程如图 4-2-11 所示。

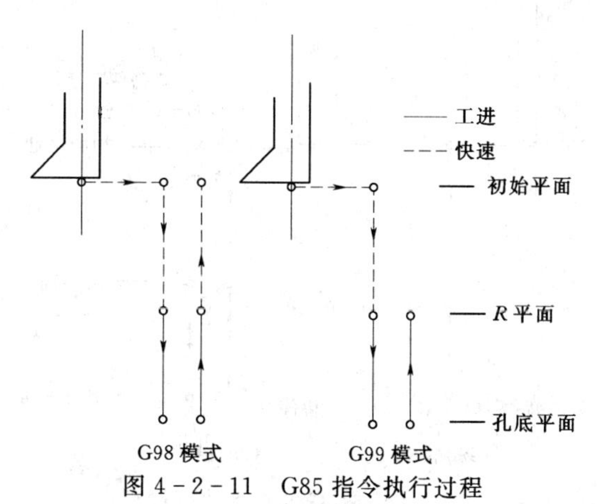

图 4-2-11 G85 指令执行过程

如图 4-2-12 所示，进行镗削加工，工件已正确装夹在机床上，镗刀已调整好，可以直接使用。

```
O0212
G17G54M03S400
G90G00X60Y60Z100
M08
G99G85X30Y30Z－20R5F120
X0
X－30
Y0
X0
X30
Y－30
X0
G98X－30
G80
M09
G00X1000Y100
M05
M30
```

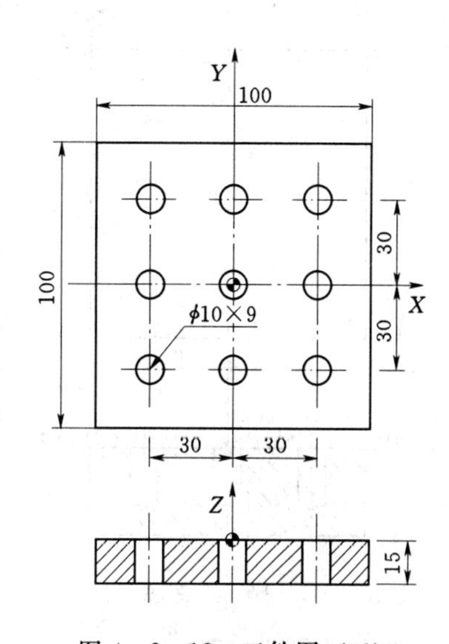

图 4-2-12 工件图 (42)

六、盲孔、阶梯孔的镗削

一般的盲孔、阶梯孔镗削加工除了要注意孔壁的加工外，还要考虑阶梯面是否光滑，能否达到指定孔深，所以镗削盲孔时最好在孔底有一个进给暂停，让刀具在指定深度上充分切削，以保证阶梯面质量。

G89X__Y__Z__R__P__F__K__；

P：暂停时间，单位为ms。

G89的执行过程如图4-2-13所示。

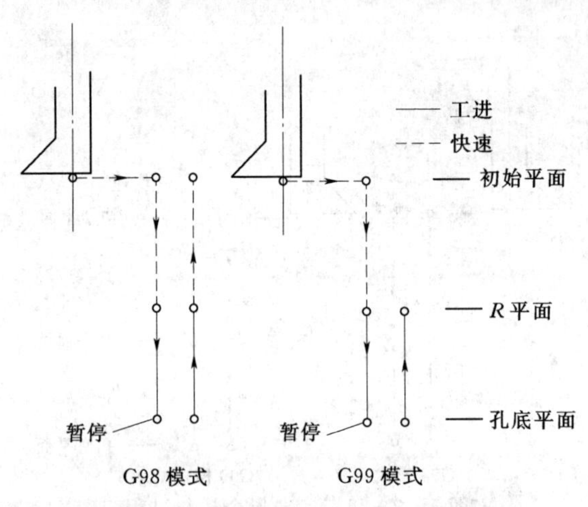

图4-2-13　G89指令执行过程

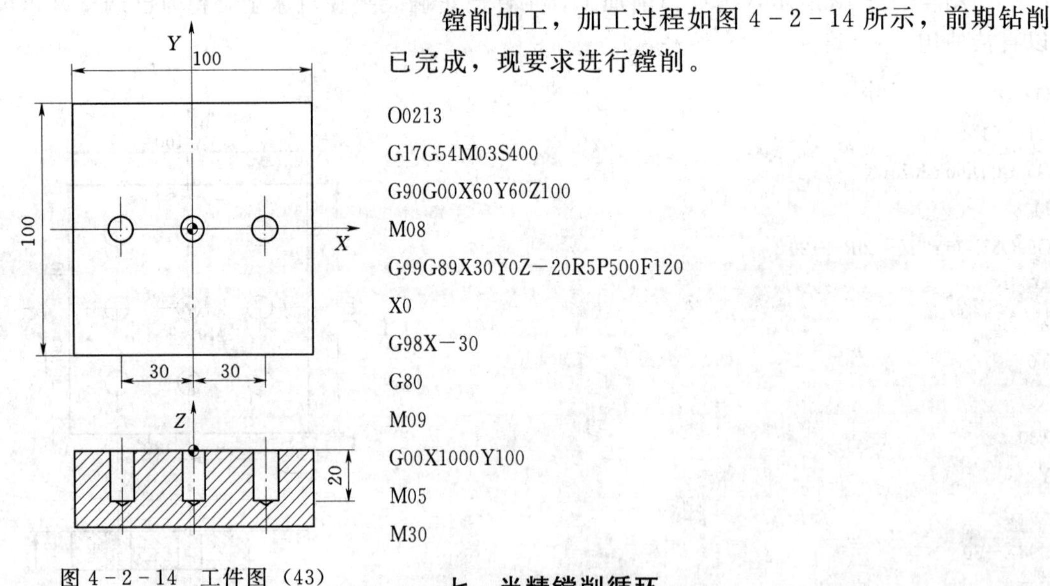

图4-2-14　工件图（43）

镗削加工，加工过程如图4-2-14所示，前期钻削已完成，现要求进行镗削。

```
O0213
G17G54M03S400
G90G00X60Y60Z100
M08
G99G89X30Y0Z-20R5P500F120
X0
G98X-30
G80
M09
G00X1000Y100
M05
M30
```

七、半精镗削循环

前面介绍了两个镗削循环，但细心的读者会发现，G85与G89在镗削至指定深度后，返回过程也是在运动，这就会使孔的内壁表面又经历了一次切削，不好掌握孔的内径尺寸，所以G85与G89只能用于要求不是很高的孔或是用于粗镗。下面再介绍一个用于半精镗的循环指令。

G86X＿Y＿Z＿R＿F＿K＿；

G86从安全平面沿着 X 和 Y 轴定位，快速移动到 R 平面，然后从 R 平面到孔底平面执行镗孔，当主轴到达孔底时，主轴停止，刀具以快速移动退回。循环动作如图4-2-15所示。

注： G86在返回的过程中，由于刀具没有与工件孔分离，这就使加工孔的内壁上有一条浅浅的划痕，不可能得到完美的孔，所以G86只适用于半精镗削加工。

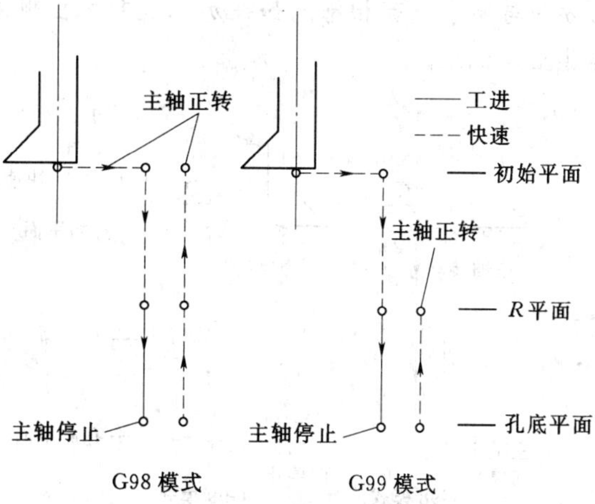

图4-2-15　G86指令执行过程

八、精镗加工

镗削加工是可以作为孔的精加工的，可前面介绍的镗削加工指令都存在或多或少的问题，是无法完成精加工孔任务的，因此，必须进行孔的精镗。孔的精镗主要有两条指令：G88和G76。

G88X＿Y＿Z＿R＿P＿F＿K＿；

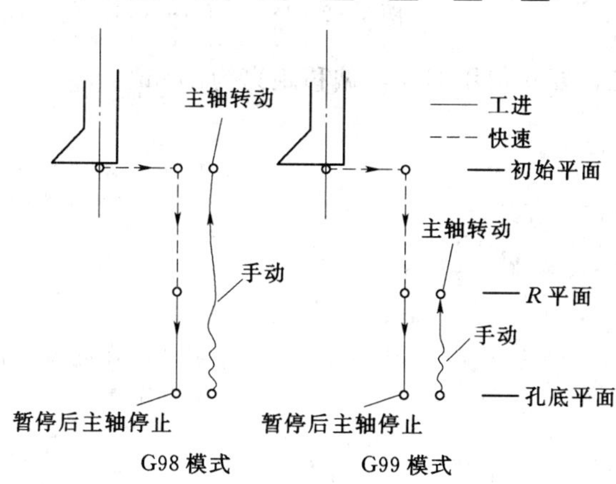

图4-2-16　G88指令执行过程

G88使刀具沿着 X 和 Y 轴定位，快速移动到 R 平面，然后从 R 平面到孔底平面执行镗孔，当主轴到达孔底时，先进行进给暂停，然后主轴停止，刀具从孔底手动返回至 R 平面，在 R 平面重新启动主轴正转，并且执行快速移动到安全平面位置。在孔底可以加上人工手动动作，使刀尖离开孔表面，在回退时无划痕，循环动作如图4-2-16所示。

由于G88在返回的过程中使用手动返回，要求操作人员时刻注意孔的加工，加工时效较慢，下面再介绍一个"全自动"的精镗指令。

G76 X＿Y＿Z＿R＿Q＿F＿K＿；

G76使刀具沿 X、Y 轴定位后，Z 轴快速运动到 R 平面，再以 F 给定的速度进给到孔底，然后主轴定向并向给定的方向移动一段距离，再快速返回初始点或 R 点，返回后，主轴再以原来的转速和方向旋转，如图4-2-17所示。在这里，孔底的移动距离由孔加工参数 Q 给定，Q 始终应为正值，即使用负值，负号也不起作用。移动的方向由参数5148给定，如大家有需要，可参阅系数参数说明书。在使用该固定循环时，应注意孔底移动的方向是使主轴定向后刀尖离开工件表面的方向，这样退刀时便不会划伤已加工好的工件表面，可以得到较好的精度和粗糙度。

注： 每次使用该固定循环或者更换使用该固定循环的刀具时，应检查主轴定向后刀尖

的方向与要求是否相符。如果加工过程中出现刀尖方向不正确的情况，将会损坏工件、刀具甚至是机床。

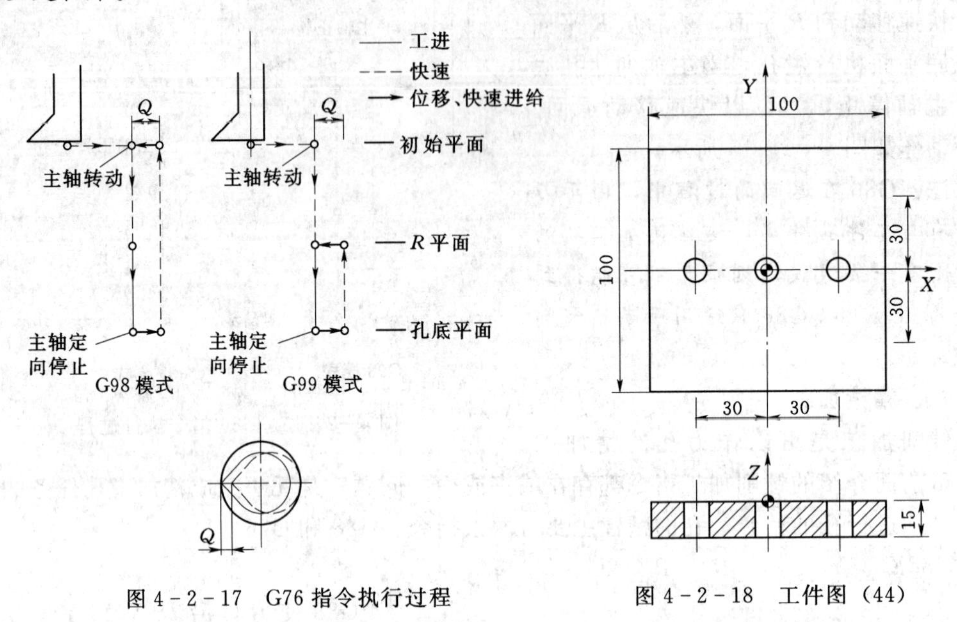

图 4-2-17　G76 指令执行过程　　图 4-2-18　工件图（44）

如图 4-2-18 所示，进行精镗削加工，要求使用 G76，偏移距离为 1mm。

```
O0214
G17G54M03S400
G90G00X60Y60Z100
M08
G99G76X30Y0Z−20R5Q1F120
X0
G98X−30
G80
M09
G00X1000Y100
M05
M30
```

九、反镗加工

反镗也称背镗，是一种特殊的镗削方式，下面就来学习背镗指令。

G87 X_ Y_ Z_ R_ Q_ F_ K_；

G87 循环中，X、Y 轴定位后，主轴定向停止，X、Y 轴向指定方向移动由加工参数 Q 给定的距离，以快速进给速度运动到孔底（R 点），在此位置，主轴恢复原来的 X、Y 轴位置，主轴以给定的速度和方向旋转，Z 轴以 F 给定的速度进给到 Z 点，然后主轴再次定向停止，X、Y 轴向指定方向移动 Q 指定的距离，以快速进给速度返回初始点，X、Y 轴恢复定位位置，主轴开始旋转。G87 循环动作如图 4-2-19

所示。

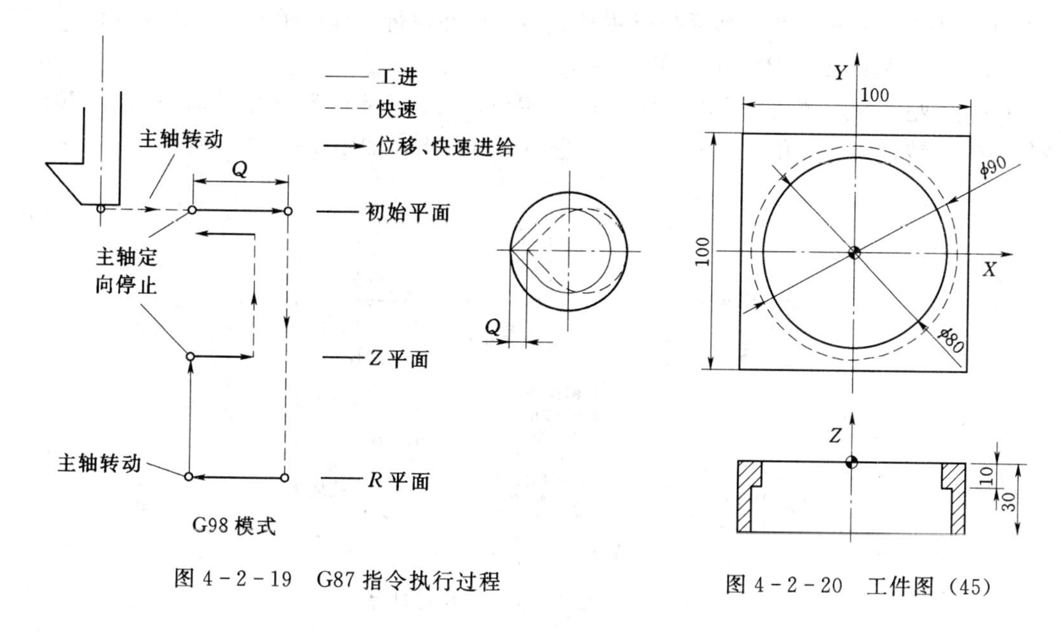

图 4-2-19　G87指令执行过程

图 4-2-20　工件图（45）

注： G87只有G98模式，没有G99模式，并且G87的R平面设定也与其他循环指令有所不同。

如图 4-2-20 所示，进行背镗加工，工件正确装夹在机床上，不影响背镗加工，R平面设定为Z－40。

```
O0215
G17G54M03S400
G90G00X100Y100Z100
M08
G98G87X0Y0Z－10R－40Q7F120
G80
M09
G00X1000Y100
M05
M30
```

十、攻丝循环

数控铣床上可以使用丝锥进行内孔的攻丝加工，主要有右旋攻丝和左旋攻丝。

G84 X __ Y __ Z __ R __ P __ F __ K __；

G84为右旋攻丝循环，执行过程：刀具主轴在定位平面上沿X和Y轴定位，执行快速移动到R平面，从R平面到孔底平面执行攻丝任务，攻丝时主轴正转，以进给

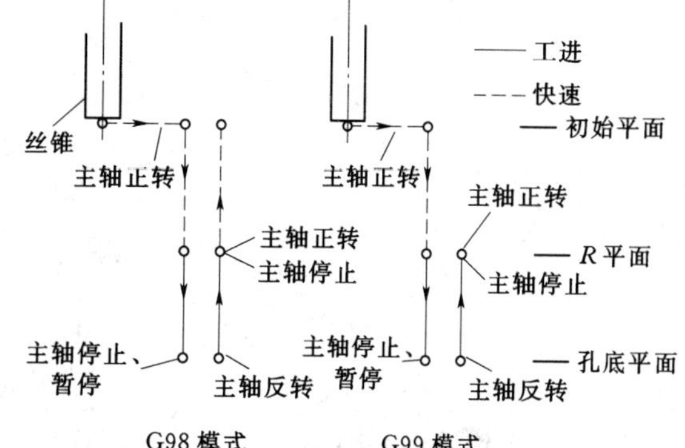

图 4-2-21　G84指令执行过程

速度攻丝到孔底，在孔底主轴停止，并执行进给暂停 P，然后丝锥以相反方向旋转，刀具退回到 R 平面，主轴停止，然后执行主轴正转。循环执行过程如图 4-2-21 所示。

G74 X__ Y__ Z__ R__ P__ F__ K__；

G74 为左旋攻丝循环，攻丝过程与 G84 相仿，只是注意循环开始以前必须给 M04 指令使主轴反转，当到达孔底时为了退回，主轴正转旋出，如图 4-2-22 所示。

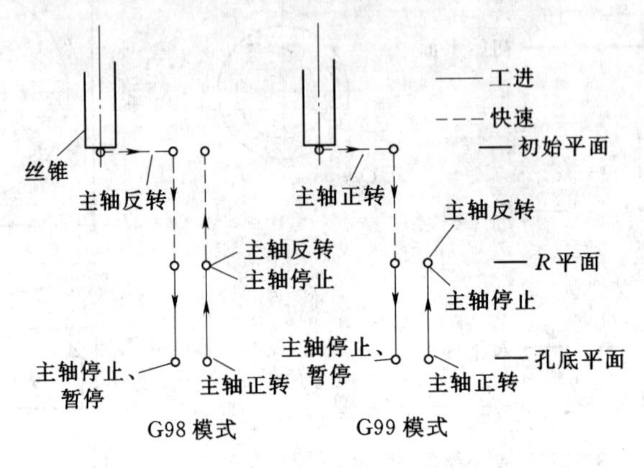

图 4-2-22　G74 指令执行过程

攻丝时要注意，使 F 与 S 的比值等于导程，即进给速度（mm/min）＝主轴转速（r/min）×导程（mm）。另外，在 G74 或 G84 循环进行中，进给倍率开关和进给保持开关的作用将被忽略，即进给倍率被保持在 100%，而且在一个固定循环执行完毕之前不能中途停止。

如图 4-2-23 所示，进行攻丝，M10×1。

```
O0216
G17G54M03S500
G90G00X100Y100Z100
M08
M29S500
G99G84X30Y30Z-35R10P500F500
X-30
Y-30
G98X30
G80
M09
G00X1000Y100
M05
M30
```

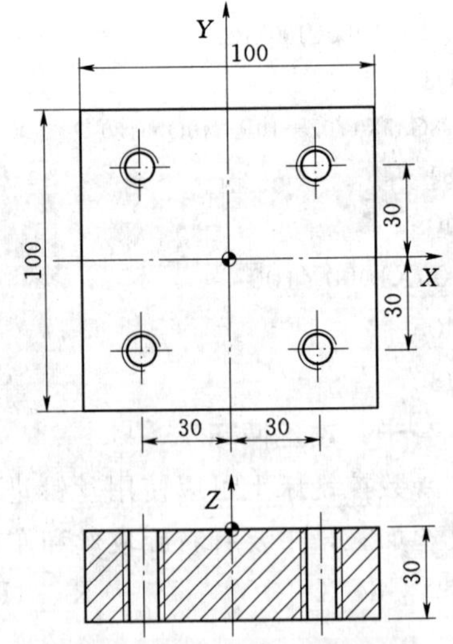

图 4-2-23　工件图（46）

注：在攻丝循环 G84 或反攻丝循环 G74 的前一程序段指令 M29Sx x x x;，则机床进入刚性攻丝模态。NC 执行到该指令时，主轴停止，然后主轴正转指示灯亮，表示进入刚性攻丝模态，其后的

G74 或 G84 循环被称为刚性攻丝循环，由于刚性攻丝循环中主轴转速和 Z 轴的进给严格成比例同步，因此可以使用刚性夹持的丝锥进行螺纹孔的加工，并且还可以提高螺纹孔的加工速度，提高加工效率。

使用 G80 和 01 组 G 代码都可以解除刚性攻丝模态，另外复位操作也可以解除刚性攻丝模态。

使用刚性攻丝循环需要注意以下事项：

• G74 或 G84 中指令的 F 值与 M29 程序段中指令的 S 值的比值（F/S）即为螺纹孔的螺距值。

• Sx x x x 必须小于 0617 号参数指定的值，否则执行固定循环指令时会出现编程报警。

• F 值必须小于切削进给的上限值 4000mm/min 即参数 0527 的规定值，否则会出现编程报警。

• 在 M29 指令和固定循环的 G 指令之间不能有 S 指令或任何坐标运动指令。

• 不能在攻丝循环模态下指令 M29。

• 不能在取消刚性攻丝模态后的第一个程序段中执行 S 指令。

• 不要在试运行状态下执行刚性攻丝指令。

模块三 简 化 程 序

一、子程序与子程序调用

FANUC 铣床的子程序调用与 GSK980TD 车床的子程序调用基本一致。子程序调用在加工中比较常见，下面再强调一下子程序及其调用。

加工程序分为主程序和子程序，一般地，NC 执行主程序的指令，但当执行到一条子程序调用指令时，NC 转向执行子程序，在子程序中执行到返回指令时再回到主程序。

当加工程序需要多次运行一段同样的轨迹时，可以将这段轨迹编写成子程序存储在机床的程序存储器中，每次在程序中需要执行这段轨迹时便可以调用该子程序。

当一个主程序调用一个子程序时，该子程序可以调用另一个子程序，这样的情况称为子程序的两重嵌套。一般机床可以允许最多达四重的子程序嵌套。在调用子程序指令中，可以指令重复执行所调用的子程序，可以指令重复最多达 999 次。

一个子程序应该具有如下格式：

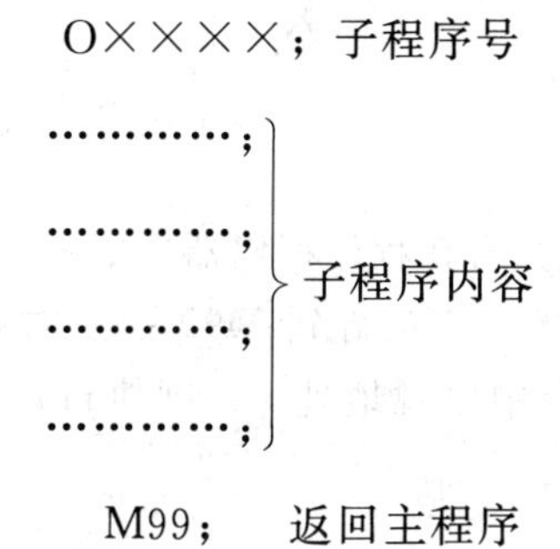

在程序的开始，应该有一个由地址 O 指定的子程序号，在程序的结尾，返回主程序的指令 M99 是必不可少的。M99 可以不必出现在一个单独的程序段中作为子程序的结尾，这样的程序段也是可以的：

G90 G00 X0 Y100. M99；

在主程序中，调用子程序的程序段应包含如下内容：

M98 P×××××××；

地址 P 后面所跟的数字中，后面的四位用于指定被调用的子程序的程序号，前面的三位用于指定调用的重复次数，例如：

M98 P51002；调用 1002 号子程序，重复 5 次。

M98 P1002；调用 1002 号子程序，重复 1 次。

M98 P50004；调用 4 号子程序，重复 5 次。

子程序调用指令可以和运动指令出现在同一程序段中：

G90 G00 X−75. Y50. Z53. M98 P40035；

该程序段指令 X、Y、Z 三轴以快速定位进给速度运动到指令位置，然后调用执行 4 次 35 号子程序。

和其他 M 代码不同，M98 和 M99 执行时不向机床侧发送信号。当 NC 找不到地址 P 指定的程序号时，发出 PS078 报警。子程序调用指令 M98 不能在 MDI 方式下执行，如果需要单独执行一个子程序，可以在程序编辑方式下编辑如下程序，并在自动运行方式下执行：

× ×××；

M98 P××××；

M02（或 M30）；

在 M99 返回主程序指令中，可以用地址 P 来指定一个顺序号，当这样的一个 M99 指令在子程序中被执行时，返回主程序后并不是执行紧接着调用子程序的程序段后的那个程序段，而是转向执行具有地址 P 指定的顺序号的那个程序段。例如：

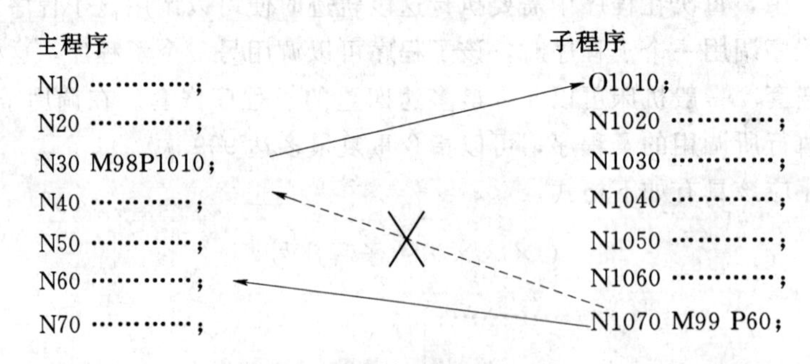

这种主—子程序的执行方式只有在程序存储器中的程序能够使用。

如果 M99 指令出现在主程序中，执行到 M99 指令时将返回程序头，重复执行该程序。这种情况下，如果 M99 指令中出现地址 P，则执行该指令时跳转到顺序号为地址 P 指定的顺序号的程序段。

二、比例缩放与镜像

在铣加工中，有时会遇到要对原图纸工件按一定比例进行缩放的加工，为了简化程序编写，可以在原程序的基础上略作改动，完成加工。比例缩放主要有两种：一种是各轴按同一比例进行缩放，另一种是按不同比例进行缩放。

1. 各轴按同一比例缩放

使用这一功能的前提是将系统参数设置正确，否则机床会提示错误报警。

将参数 8132#5 设定为 1（0 为不使用缩放，1 为可以使用）。

将参数 5400#6 设定为 0（缩放倍率 P 指定）。

将参数 5401#0 设定为 1（0 为缩放无效，1 为缩放有效）。

指令格式：

G51 X _ Y _ Z _ P _；

………………

…………

……

G50

G51 为比例编程指令，G50 为撤消比例编程指令，两指令间的为比例缩放加工源程序。

X、Y、Z：比例中心坐标（绝对方式）。

P：比例系数，取值范围为 1～999999，即比例系数的范围为 0.001～999.999。

注： 比例缩放功能不缩放刀具补偿，若省略 X _ Y _ Z _，则以使用 G51 时的刀具位置作为中心。

如图 4-3-1 所示，P_1—P_4 为程序加工图形，P_1'—P_4'为缩放后的图形，P_0 为缩放中心。

如图 4-3-2 所示，现有一子程序 O0056，为加工 100mm×100mm 方台，利用此子程序加工 80mm×80mm 方台。

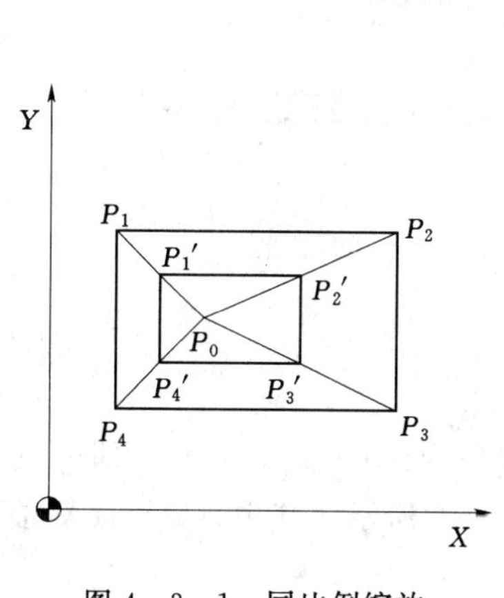

图 4-3-1 同比例缩放

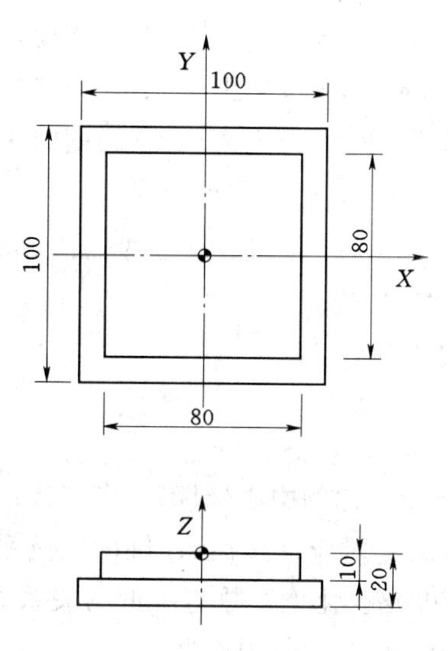

图 4-3-2 工件图（47）

主程序：

```
O0217
G17G54M03S500
G90G00X100Y100Z100
M08
G01Z-10
G51X0Y0P800
M98P0056
G50
G00X1000Y100
M05
M30
```

子程序：

```
O0056
G41G00X50D01
G01Y-50
X-50
Y50
X80
Z100
G40G00X100
M99
```

2. 各轴按不同倍率的比例缩放

将参数 8132＃5 设定为 1（0 为不使用缩放，1 为可以使用）。

将参数 5400＃6 设定为 1（缩放倍率 I、J、K 指定）。

将参数 5401＃0 设定为 1（0 为缩放无效，1 为缩放有效）。

指令格式：

G51 X＿Y＿Z＿I＿J＿K＿；

………………

…………

……

G50

X、Y、Z：比例中心坐标。

I、J、K：对应 X、Y、Z 轴的比例系数，取值为±1～±999999，即缩放为±0.001～±999.999 倍。比例系数与图形的关系如图 4－3－3 所示。其中，b/a 为 X 轴系数，d/c 为 Y 轴系数，O 为比例中心。

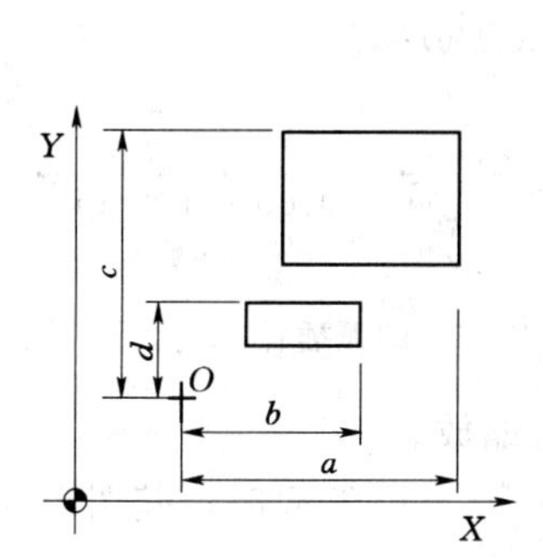

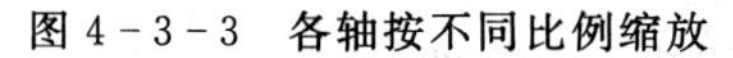
图 4-3-3 各轴按不同比例缩放

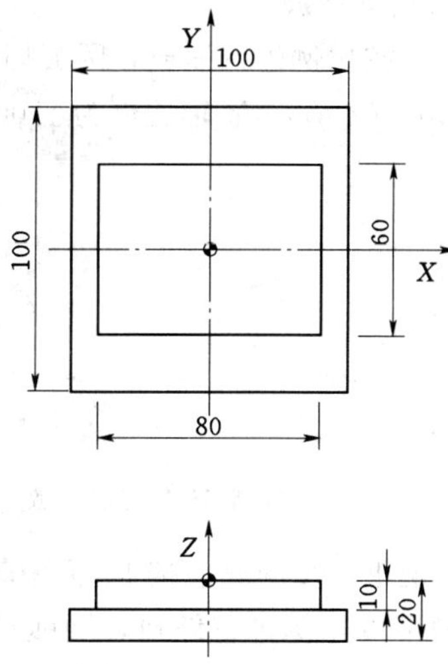

图 4-3-4 工件图（48）

现有一子程序 O0056，为加工 100mm×100mm 方台，利用此子程序加工如图 4-3-4 所示的工件。

主程序：

```
O0218
G17G54M03S500
G90G00X100Y100Z100
M08
G01Z-10
G51X0Y0I800J600
M98P0056
G50
G00X1000Y100
M05
M30
```

子程序：

```
O0056
G41G00X50D01
G01Y-50
X-50
Y50
X80
Z100
G40G00X100
M99
```

3. 特殊的比例缩放

如果各轴不按比例进行缩放，圆弧插补使用 R 编程时，其图形如图 4-3-5 所示［X 轴比例为 L2000（2 倍），Y 轴比例为 J1000（1 倍）］。

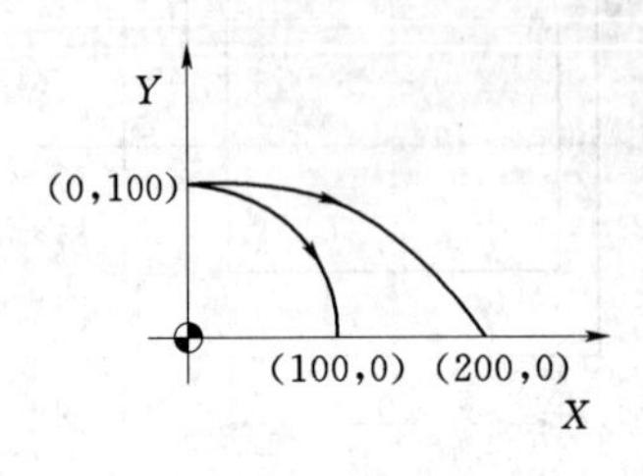

图 4-3-5　圆弧插补 R 写法缩放

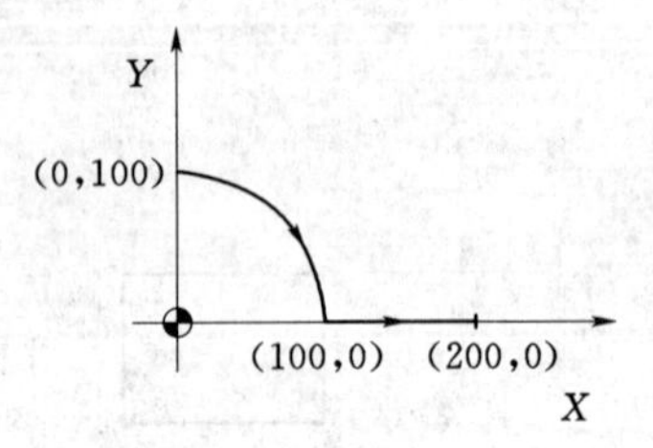

图 4-3-6　圆弧插补 I、J、K 写法缩放

在这种情况下，R 的取值按 I、J 中较大者进行缩放。

如果各轴不按比例进行缩放，圆弧插补使用 I、J、K 编程时，其图形如图 4-3-6 所示（X 轴比例为 L2000，Y 轴比例为 J1000）。

在这种情况下，终点不在指令的圆弧上，多走出一段直线。

4. 镜像

上述各轴比例缩放 G51 指令格式中，当指定各轴比例因子为负值时，则执行镜像加工，以比例缩放中心为镜像对称中心，如图 4-3-7 所示。

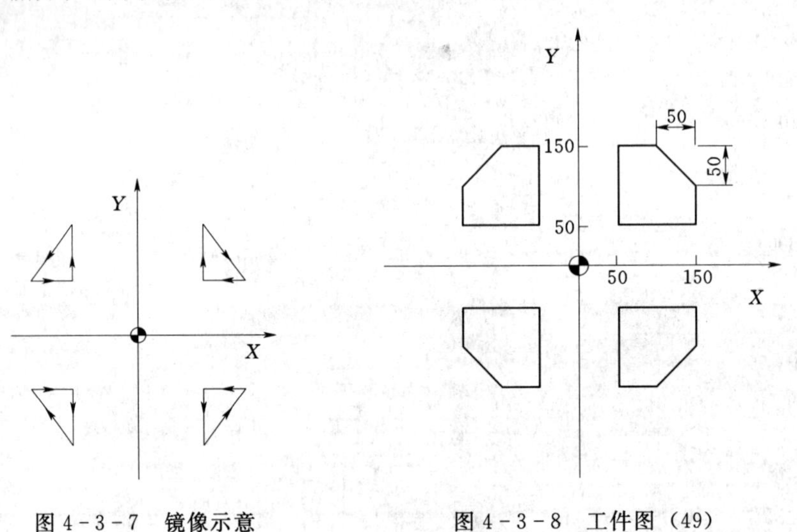

图 4-3-7　镜像示意　　　图 4-3-8　工件图（49）

如图 4-3-8 所示，加工对称图形，深度为 2mm。

主程序：

```
O0219
G17G54M03S500
G90G00X200Y0Z100
M08
G01Z0
X0Z-2
```

```
M98P0056
G51X0Y0I-1000J1000
M98P0056
G51X0Y0I-1000J-1000
M98P0056
G51X0Y0I1000J-1000
M98P0056
G50
G00X1000Y100
M05
M30
```

子程序：

```
O0056
G41G00X50D01
G01Y150
X100
X150Y100
Y50
X40
G40G00X0Y0
M99
```

注意事项如下：

（1）圆弧指令旋转方向反向，即G02变G03，G03变G02。

（2）刀具半径补偿，偏置方向反向，即G41变G42，G42变G41。

（3）坐标系旋转，旋转角度反向。

三、坐标旋转

该指令可使编程图形按照指定旋转中心及旋转方向旋转一定的角度，G68表示开始坐标系旋转，G69用于撤消旋转功能。

坐标旋转编程格式：

```
G68 α____β____R____;
………………
…………
……
G69
```

α、β：旋转中心的坐标值（可以是X、Y、Z中的任意两个，它们由当前平面选择指令G17、G18、G19中的一个确定）。当α、β省略时，G68指令认为当前的位置即为旋转中心。

R：旋转角度，逆时针旋转定义为正方向，顺时针旋转定义为负方向。

当程序在绝对方式下时，G68程序段后的第一个程序段必须使用绝对方式移动指令才能确定旋转中心。如果这一程序段为增量方式移动指令，那么系统将以当前位置为旋转中

心，按 G68 给定的角度旋转坐标。

坐标系旋转功能与刀具半径补偿功能的关系为旋转平面一定要包含在刀具半径补偿平面内，如图 4-3-9 所示。

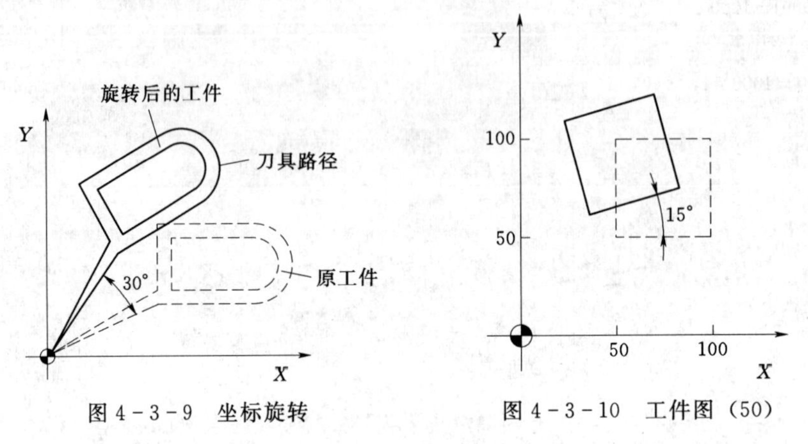

图 4-3-9 坐标旋转　　图 4-3-10 工件图（50）

如图 4-3-10 所示，现要铣削一方台，此方台与 X 轴有 15°的倾斜夹角，铣削深度为 2mm。

```
O0220
G17G54M03S500G69
G90G00X100Y0Z100
M08
G01Z0
X0Z-2
G68R15
G41G01X50D01
Y100
X100
Y50
X40
G00Z10
G40X0
Y0
G69
G00X1000Y100
M05
M30
```

在此题中，G68 没有指出旋转中心，这是以刀具当前点作为旋转中心，即 $X0Y0$。

这里要注意，刀具半径补偿、刀具长度补偿、刀具位置偏置和其他补偿操作在坐标系旋转后执行。

在使用坐标系旋转时，尤其要注意与比例编程方式的关系。

在比例模式时，执行坐标旋转指令，旋转中心坐标也执行比例操作，但旋转角度不受影响，这时各指令的排列顺序如下：

```
G51……
G68……
G41/G42……
G40……
G69……
G50……
```

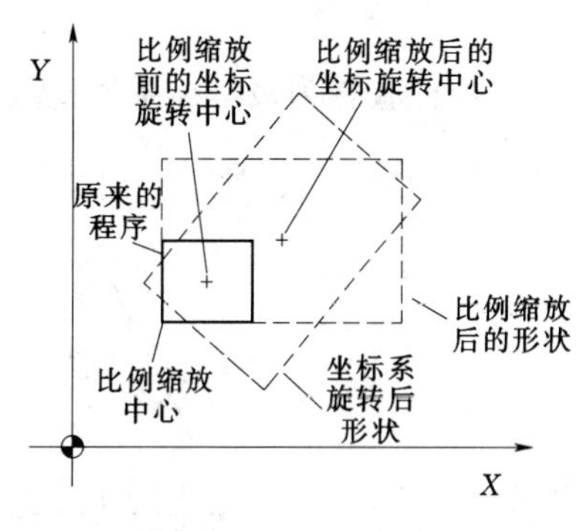

图 4-3-11 在刀具半径补偿方式中的比例缩放和坐标旋转

如图 4-3-11 所示。

在这个过程中，旋转中心的坐标值按比例缩放，但旋转角 R 不按比例缩放，当发出移动指令时，首先使用比例缩放，然后再旋转坐标系。

四、极坐标编程

FANUC 系统中提供了极坐标编程功能，平面上点的坐标可以用极坐标（半径与角度）输入。

```
G90/G91 G16           开启极坐标功能
G01 X__Y__F__
G00 X__Y__            极坐标指令
……
G15                   取消极坐标功能
```

X 指定半径，Y 指定角度，极坐标的半径是极坐标原点到编程点的距离，极坐标的角度有方向性，取正为逆时针，取负为顺时针。

极坐标的半径和角度可以用绝对值或增量值指定。

坐标系零点作为极坐标原点时，若角度用绝对值，编程点的位置如图 4-3-12 所示。

坐标系零点作为极坐标原点时，若角度用增量值，编程点的位置如图 4-3-13 所示。

设定当前位置作为极坐标系原点，用增量值编程指令指定半径，同设定当前位置为极坐标系的原点。

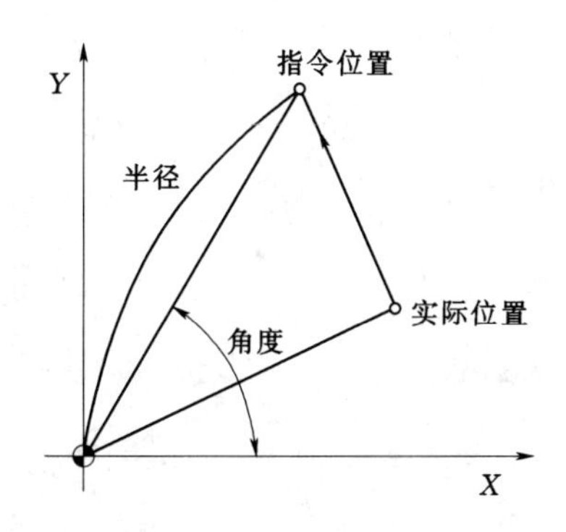

图 4-3-12 坐标系零点为极坐标原点（角度用绝对值指定）

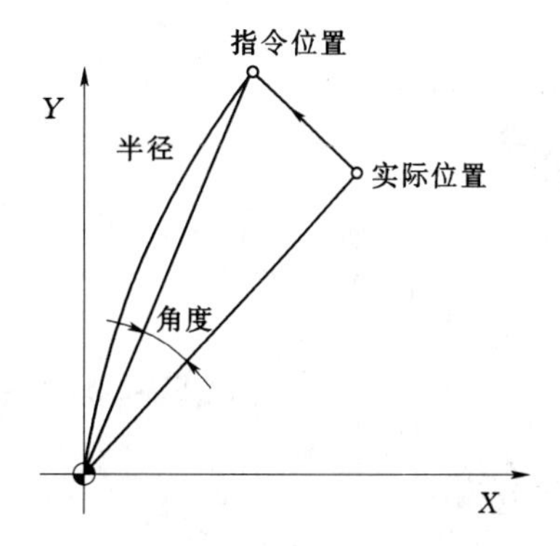

图 4-3-13 坐标系零点为极坐标原点（角度用增量值指定）

当前位置作为极坐标系的原点，若角度用绝对值，编程点的位置如图 4-3-14 所示。

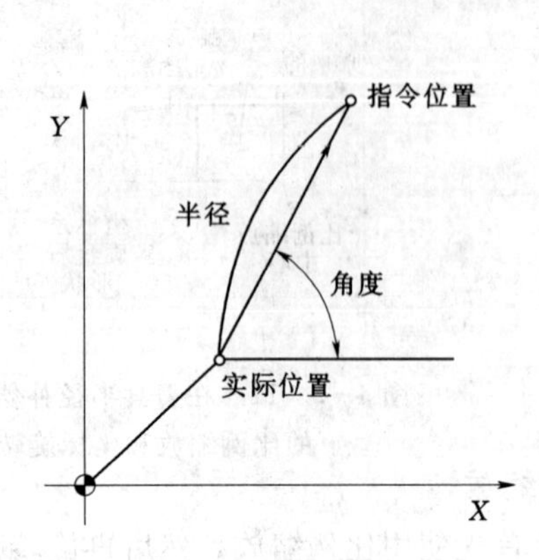

图 4-3-14 当前位置为极坐标系的原点（角度用绝对值指定）

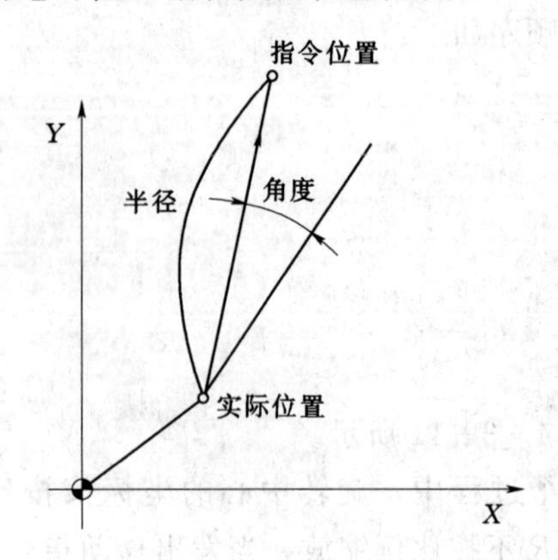

图 4-3-15 当前位置为极坐标系的原点（角度用增量值指定）

当前位置作为极坐标系的原点，若角度用增量值，编程点的位置如图 4-3-15 所示。

如图 4-3-16 所示，进行钻孔加工，深度为 20mm。

```
O0221
G17G54M03S500
G90G00X0Y0Z100
M08
G16G81X40Y30Z－25R10
Y150
Y－90
G15
G80
G00X1000Y100
M05
M30
```

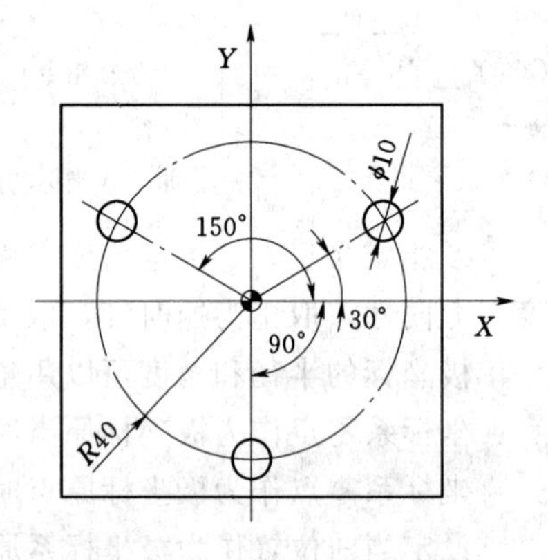

图 4-3-16 工件图（51）

参 考 文 献

［1］ 人力资源和社会保障部教材办公室．数控车床编程与操作（广数系统）［M］．北京：中国劳动社会保障出版社，2012．

［2］ 北京发那科机电有限公司．FANUC CNC 操作与编程（0i－D）培训教程［M］．北京：高等教育出版社，2012．

［3］ 徐衡．FANUC 系统数控铣床和加工中心培训教程［M］．北京：化学工业出版社，2006．

［4］ 吴明友．数控铣床（FANUC）考工实训教程［M］．北京：化学工业出版社，2006．

参考文献